Konfliktmanagement

Von Streit bis Mobbing

Eberhard G. Fehlau
Dr. Christian Stock

Inhalt

Teil 1: Konflikte im Beruf

Teil 2: Mobbing

Teil 1: Konflikte im Beruf

Vorwort

Jeder kennt sie, keiner will sie haben: Auseinandersetzungen, Meinungsverschiedenheiten, Streitereien. Doch überall dort, wo Menschen zusammenarbeiten, gibt es sie: Konflikte in ihren unterschiedlichen Ausprägungen und Erscheinungsformen. Nicht alle lassen sich lösen; einige aber können verhindert, andere erfolgreich geregelt werden.

Und nicht immer sind Konflikte schädlich, häufig eröffnen sie erst die Möglichkeit zur Veränderung und Weiterentwicklung. Sei es als Beteiligter oder Kollege, Mitarbeiter oder Vorgesetzter – auch Sie werden immer wieder vor der Aufgabe stehen, mit Konflikten umgehen zu müssen.

Wie Sie diese Herausforderung mit mehr Kompetenz meistern können, erfahren Sie in diesem TaschenGuide. Erwarten Sie bitte keine Patentrezepte, aber nutzen Sie die zahlreichen Anregungen und Hinweise. Machen Sie sich fit für ein erfolgreiches Konfliktmanagement!

Eberhard G. Fehlau

Hinweis: Wenn in diesem TaschenGuide nur von Mitarbeitern, Kollegen und Chefs gesprochen wird, geschieht dies nur aus Gründen der besseren Lesbarkeit. Selbstverständlich sind immer auch Mitarbeiterinnen, Kolleginnen und Chefinnen gemeint.

Konflikte erkennen und einschätzen

Kennen Sie das? Zwei Kollegen können sich nicht riechen. Oder ein Kollege ist neidisch auf den Erfolg des anderen. Oder ein Teammitglied wird gemobbt. Alles mehr oder minder ernste Konflikte – und alle können eskalieren.

In diesem Kapitel erfahren Sie

- welche Arten von Konflikten es gibt und worin ihre Ursachen liegen,
- worin sich ein einfacher Konflikt von systematischem Mobbing unterscheidet,
- welchen Nutzen Konflikte bringen können und
- woran Sie erkennen, dass ein Konflikt droht.

Konfliktmanagement lohnt sich

Treffen Menschen mit unterschiedlichen Ansichten und Einstellungen, Erwartungen und Machtpotenzialen, Wertvorstellungen und Zielen aufeinander, so sind Meinungsverschiedenheiten und Missverständnisse kaum zu vermeiden. Konflikte zählen zu den ganz normalen Begleiterscheinungen unseres Zusammenlebens – im Alltag wie im Beruf. Auf Dauer kann ihnen niemand entkommen. Auch Sie nicht!

Für Menschen, die am Arbeitsplatz aufeinander angewiesen sind, gehören Konflikte zum festen Bestandteil des Berufsalltags. Oft sind jedoch nicht Interessenunterschiede und Meinungsverschiedenheiten das eigentliche Problem, sondern die Art und Weise, wie mit diesen umgegangen wird.

Die Fähigkeit, Konflikten selbstbewusst zu begegnen und sie erfolgreich zu regeln, stärkt Ihre Position im Kreis der Kollegen ebenso wie bei Vorgesetzten. Konfliktmanagement wird damit zu einem entscheidenden Erfolgsfaktor Ihrer beruflichen Karriere!

Konflikte sind verschieden

Ob Machtspiele oder Meinungsunterschiede, Reibereien oder Rivalitäten – grundsätzlich lassen sich mehrere Konfliktformen unterscheiden:

- intrapersonale Konflikte,
- interpersonale Konflikte,
- Konflikte in oder zwischen Gruppen.

Intrapersonale Konflikte

Intrapersonale Konflikte spielen sich innerlich ab – man hat mit sich selbst zu kämpfen, weil man eine schwierige Entscheidung treffen soll oder nicht recht weiß, was gerade wirklich wichtig ist. Es können sehr persönliche und auch konfliktträchtige Selbstzweifel und Unsicherheiten entstehen.

Interpersonale Konflikte

Wenn zwei oder mehrere Personen nicht miteinander klarkommen, spricht man von interpersonalen Konflikten. Nicht selten werden innere Konflikte auf andere Personen übertragen und aus einem *intra*personalen wird ein *inter*personaler Konflikt. So z.B. wenn man mit der eigenen Arbeit unzufrieden ist, dafür aber die Kollegen verantwortlich macht.

Konflikte in oder zwischen Gruppen

Bei Auseinandersetzungen in oder zwischen Arbeitsgruppen spielen neben persönlichen Aspekten zumeist auch abteilungs- oder unternehmensspezifische Probleme eine Rolle. Häufig ergeben sich solche *Gruppenkonflikte* aus veränderten Arbeitsbeziehungen: Die Führung wechselt, man soll in andere Büroräume umziehen und hat mit neuen Kollegen zu tun oder es wird im Unternehmen umstrukturiert.

Beispiel:

 Verkaufsrückgänge zwingen ein mittelständisches Unternehmen zu umfangreichen Sparmaßnahmen. Ein konsequenter Personalabbau wird eingeleitet. Eine Abteilung fühlt sich durch die Umstellung der Arbeitsabläufe besonders benachteiligt. Die Mitarbeiter versuchen, die vermeintliche Besserstellung der anderen Abteilungen durch besonderes Engagement und entsprechenden Einsatz wettzumachen. Zwischen den Abteilungen entsteht eine Rivalität mit hohem Konfliktpotenzial.

Ursachen gibt es genug

Jeder Konflikt ist anders – und doch gibt es gewisse Gemeinsamkeiten, denn in aller Regel ist der zentrale Gegenstand von Konflikten eine Unvereinbarkeit von Bedürfnissen, Motiven, Werten oder Zielen, aber auch von Status, Macht oder Verteilungsverhältnissen.

Wenn Wahrnehmung und Beurteilung sich unterscheiden

Ein Azubi bewundert die Schnelligkeit seines Chefs, ein Kollege hält den Vorgesetzten dagegen für viel zu umständlich. Die gleiche Leistung wird hier völlig verschieden wahrgenommen. Das kann an unterschiedlicher Erfahrung liegen, an verschiedenen Interessen oder auch daran, dass man von einer Sache mehr oder weniger betroffen ist. Wer sich in andere Menschen und Situationen hineinversetzen kann, hat es dabei viel leichter. Wenn es Ihnen gelingt, Ihren Blickwinkel zu erweitern, so erscheinen mögliche Konfliktfelder unverhofft in einem anderen Licht – und können dadurch an Bedeutung gewinnen oder auch verlieren.

Auf die Sichtweise kommt es an

Um ein Problem richtig einschätzen zu können, bedarf es also einer differenzierten Sichtweise. Dazu brauchen Sie allerdings auch ein breites Spektrum von Informationen. Werden Sachverhalte – weil entsprechendes Fach- und Hintergrundwissen fehlen – lediglich aus einer Perspektive wahrgenommen, kann es leicht zu Fehleinschätzungen kommen.

Eine solch unterschiedliche Wahrnehmung und Einordnung von Problemen führt zu *Beurteilungskonflikten*. Die Kontroverse entwickelt sich, weil bestimmte Sachverhalte verschieden eingeschätzt werden. Da es nie allen Beteiligten möglich ist, sich eine Meinung zum strittigen Thema zu bilden und ein fundiertes Urteil abzugeben, sind Konflikte geradezu vorprogrammiert.

Differenzen bei Motiven und Zielen

Ein Mitarbeiter arbeitet jeden Tag bis weit in den Abend und opfert sogar noch seine Wochenenden, während sein Kollege pünktlich geht und jede Überstunde aufschreibt. Die beiden geraten deswegen immer öfter aneinander. Doch warum unterscheiden sie sich so krass hinsichtlich ihrer Arbeitsleistung voneinander? Ist es einfach nur böser Wille? In aller Regel entstehen solche Konflikte, weil konkurrierende Motive die Handlungsweise bestimmen.

Obwohl sie aufeinander angewiesen sind, sprechen die Betroffenen nicht offen über die Motive ihrer unterschiedlichen Einsatzbereitschaft und unterlassen es, ihre Absichten zu koordinieren. Dieser Mangel erklärt solche weit verbreiteten *Zielkonflikte*, bei denen sich Mitarbeiter mit ihren jeweiligen Plänen und Vorstellungen unversöhnlich gegenüberstehen. Ohne ein gewisses Maß an Kompromissfähigkeit sind Konfrontationen und Machtkämpfe unausweichlich.

Beispiel:

Geschäftsleitung und Betriebsrat führen eine Auseinandersetzung über den zukünftigen Personalbedarf. Während die Interessenvertretung der Beschäftigten die Einstellung neuer Mitarbeiter für notwendig hält, ist es das erklärte Ziel der Unternehmensseite, weitere Stellen zu streichen. Schwierige Verhandlungen stehen bevor, um bei derart konträren Zielvorstellungen zu einem Kompromiss zu finden.

Unvereinbarkeit verschiedener Rollen

Jeder Mitarbeiter muss an seinem Arbeitsplatz mehreren sozialen Rollen nachkommen, ob als Arbeitskollege oder Projektverantwortlicher, Büroleiter oder Kundenberater, Betriebssportler oder Personalrat. Der Arbeitsalltag zeigt, dass sich die Anforderungen an derart verschiedene Rollen oft durchkreuzen oder sogar widersprechen. Sind die Erwartungen eines Mitarbeiters an seine eigene Rolle nicht zu erfüllen, wird es mit großer Wahrscheinlichkeit zu einem *Rollenkonflikt* führen.

Beispiel:

 Ein erfolgreicher, durch ständige Notdienste jedoch zeitlich stark beanspruchter Arzt möchte auch seinem Anspruch als engagierter Familienvater gerecht werden. Doch die beiden Rollen lassen sich kaum miteinander vereinbaren, es gelingt ihm nur in Ausnahmefällen.

Führungskräfte sind von solchen Rollenkonflikten sehr oft betroffen. Ihre eigenen Vorgesetzten treten ihnen meist mit ganz anderen Erwartungen gegenüber wie ihre Mitarbeiter. Diesen oft widersprüchlichen Interessen gleichermaßen nachkommen zu müssen, kann leicht zu einem solchen Rollenkonflikt führen. Um sich nicht in den jeweiligen Anforderungen und Aufgaben zu verstricken, müssen Führungskräfte ihre eigenen Interessen deshalb immer wieder hinterfragen und neu bestimmen.

Kampf um Anerkennung und Ressourcen

Die Bedeutung einer Tätigkeit für das Unternehmen drückt sich nicht nur in der Bezahlung aus, sondern auch in den Entscheidungsspielräumen, Verantwortungsbereichen und Zukunftsperspektiven der jeweiligen Mitarbeiter, aber auch in ihrer Ausstattung mit Arbeitsmitteln. Wird die Verteilung materieller und personeller Ressourcen als ungerecht empfunden, kann dies zu Spannungen führen. Auch Anerkennung und Wertschätzung durch Vorgesetzte werden genau registriert. Scheinen diese nicht gerechtfertigt, entstehen nicht selten Intrigen und Machtkämpfe.

Häufig resultiert ein solcher *Verteilungskonflikt* auch aus dem unterschiedlichen Ansehen, das einzelne Mitarbeiter in einer Abteilung genießen, oder aber dem besonderen Stellenwert, der einer Abteilung innerhalb des Unternehmens zukommt. Sind damit nicht nachvollziehbare Privilegien verbunden, schürt dies die allgemeine Unzufriedenheit und fördert das Konfliktpotenzial.

Schwierige zwischenmenschliche Beziehungen

Die sozialen Beziehungen am Arbeitsplatz werden auch dann schwierig, wenn Wertvorstellungen und Bedürfnisse, Einstellungen und Verhaltensweisen von Mitarbeitern nicht zusammenpassen. Verschiedene Persönlichkeiten und ihre Eigenheiten – etwa schüchtern oder vorlaut zu sein – sind nicht selten Anlass für Auseinandersetzungen.

Beispiel:

Ein neuer Mitarbeiter beginnt seine Tätigkeit. Schnell übernimmt er die Rolle eines Gesundheitsapostels. Er lässt keine Gelegenheit aus, auf mögliche Gesundheitsrisiken hinzuweisen. Als überzeugter Vegetarier meidet er die Kantine, als militanter Nichtraucher auch manchen Kollegen. Sein Auftreten hinterlässt Spuren. Viele Mitarbeiter fühlen sich angegriffen und kritisiert. Konflikte entstehen und die Suche nach einer Gegenstrategie beginnt.

Ob sich Mitarbeiter „riechen können" und „die Chemie stimmt", hängt in hohem Maße von ihren Gemeinsamkeiten ab. Wo Eigeninteressen dominieren, sind die Arbeitsbeziehungen in aller Regel stark belastet.

Doch auch Beschäftigte, die eigentlich einer gewissen Rücksichtnahme bedürfen, laufen Gefahr, in den Sog von *Beziehungskonflikten* zu geraten. Betroffen sind vor allem Mitarbeiter in bestimmten Altersgruppen (z. B. Lehrlinge, Mitarbeiter über 50) oder mit gesundheitlichen Einschränkungen (z. B. Behinderte). Auch Alleinerziehende und Ausländer, Beschäftigte mit besonderem politischen Engagement (z. B. Betriebs-/Personalräte) sowie militante Raucher und Nichtraucher müssen damit rechnen, häufiger in Konflikte verwickelt zu werden. Wo immer bestimmte Mitarbeiter(gruppen) benachteiligt oder besser gestellt werden, kommt es rasch zu Beziehungskonflikten. Die Diskussion um eine angemessene Frauenförderung bietet hierfür zahlreiche Beispiele.

Ereignisse, die das Berufsleben verändern

Veränderungen von Alltagsroutinen können die Entwicklung von Konflikten begünstigen. Arbeitsgewohnheiten oder Verhaltensweisen ändern zu müssen, wird von den meisten Menschen als unangenehm empfunden. Ob sie von Entlassung oder Führungswechsel, Versetzung oder Vorruhestand bedroht oder betroffen sind – man hat meist schwer daran zu knabbern und empfindet es als gravierenden Einschnitt in das Arbeitsleben.

Ohne angemessene Möglichkeiten einer Bewältigung können tiefgreifende Veränderungen der Arbeitsbedingungen in eine Lebenskrise münden. Dies trifft besonders dann zu, wenn die erforderlichen Anpassungsleistungen nicht klar definiert sind oder als unattraktiv empfunden werden. Konflikthaftes Verhalten zählt dann zu den oft verzweifelten und nur wenig erfolgreichen Versuchen, mit derartigen Umbruchphasen fertig zu werden.

Beispiel:

Die Entscheidung ist gefallen – den Verlagslektor in Frankfurt trifft sie wie ein Donnerschlag: Der Umzug nach Berlin wird auch seinen Arbeitsplatz betreffen. Tagelang ist er damit beschäftigt sich auszumalen, was auf ihn zukommen wird: Wohnungssuche, Umzugsstress, eine „Spagatbeziehung" mit seiner Partnerin, der Verlust seines Freundeskreises, Einsamkeit ... Er hat das Gefühl, sein ganzes Leben wird auf den Kopf gestellt. Angst, Enttäuschung und Wut kommen auf ...

Vom Konflikt zum Psychoterror

Werden Konflikte ganz gezielt eingesetzt, um Kollegen zu schaden, spricht man von *Mobbing* (engl.: „über jemanden herfallen"). Meist greift dann eine Gruppe von mehreren Mitarbeitern einen unliebsamen Arbeitskollegen auf unfaire Weise, aber zielgerichtet an. Wird ein solches Verhalten von Vorgesetzten initiiert oder bewusst akzeptiert, spricht man von Bossing.

Mobbing erfolgt in einer Grauzone zwischen erlaubten und verbotenen Handlungen: Das Opfer wird von seinem Umfeld ignoriert, vor anderen bloßgestellt oder verspottet, systematisch von Informationen abgeschnitten oder in seinen Leistungen negiert. Nicht zuletzt werden Gerüchte in Umlauf gesetzt, um die Persönlichkeit des Opfers und seine Privatsphäre zu verletzen.

Doch Vorsicht: Eine inflationäre Begriffsverwendung in den Massenmedien hat dazu geführt, dass nahezu jedes soziale Problem am Arbeitsplatz mit Mobbing gleichgesetzt wird. Mobbing bezeichnet jedoch eine genau einzugrenzende Form des arbeitsplatzbezogenen Psychoterrors. Nach der Definition der Gesellschaft gegen psychosozialen Stress und Mobbing e.V. versteht man unter Mobbing am Arbeitsplatz eine konfliktbelastete Situation, bei der die betroffene Person vor einer oder mehreren anderen Personen

- systematisch,
- mindestens einmal in der Woche
- und mindestens während eines zusammenhängenden halben Jahres
- mit dem Ziel und/oder dem Effekt des Ausschlusses aus dem gemeinsamen Tätigkeitsbereich
- direkt oder indirekt angegriffen wird.

Inhaltlich wird Mobbing über ein Spektrum von 45 verschiedenen Handlungen definiert, mit denen das Opfer konfrontiert wird. Die folgende Checkliste – nach dem *Leymann Inventory of Psychological Terror (LIPT)* – soll Ihnen dabei helfen, festzustellen, ob Sie an Ihrem Arbeitsplatz von Mobbing betroffen sind.

Ausführliche Hinweise erhalten Sie im TaschenGuide „Mobbing".

Checkliste: Mobbing

Waren Sie in den letzten sechs Monaten von einigen der folgenden Handlungen betroffen?

		Ja	Nein
1	**Sie werden schlecht gemacht und in Ihren sozialen Kontakten behindert.**		
	Ihr Vorgesetzter schränkt Ihre Möglichkeiten ein sich mitzuteilen.	☐	☐
	Kollegen und/oder Mitarbeiter schränken Ihre Möglichkeiten ein sich mitzuteilen.	☐	☐
	Sie werden ständig unterbrochen.	☐	☐
	Man schreit Sie an, schimpft laut mit Ihnen.	☐	☐
	Ihre Arbeit wird ständig kritisiert.	☐	☐
	Ihr Privatleben wird ständig kritisiert.	☐	☐
	Sie werden durch anonyme oder belästigende Anrufe (Telefonterror) unter Druck gesetzt.	☐	☐
	Sie erfahren abwertende Blicke und/oder Gesten mit negativem Inhalt.	☐	☐
	Man macht Andeutungen, ohne dass Sie direkt angesprochen werden.	☐	☐
2	**Sie werden systematisch isoliert.**		
	Man spricht nicht mit Ihnen.	☐	☐
	Man will von Ihnen nicht angesprochen werden.	☐	☐
	Sie werden an einem Arbeitsplatz eingesetzt, an dem Sie von Kollegen isoliert sind.	☐	☐
	Den Kollegen wird verboten mit Ihnen zu sprechen.	☐	☐
	Sie werden „wie Luft" behandelt.	☐	☐

Waren Sie in den letzten sechs Monaten von einigen der folgenden Handlungen betroffen?		
	Ja	Nein
3 Ihre Arbeitsaufgaben werden geändert, um Sie zu bestrafen.		
Sie werden ständig zu neuen Arbeitsaufgaben eingeteilt.	☐	☐
Sie erhalten Arbeitsaufgaben, die weit unter Ihrem Können und/oder Ihrer Qualifikation liegen.	☐	☐
Sie erhalten Arbeitsaufgaben, die Sie aufgrund fehlender Erfahrung und/oder Qualifikation weit überfordern.	☐	☐
Sie bekommen sinnlose Arbeitsaufgaben zugewiesen.	☐	☐
Sie werden für gesundheitsgefährdende Arbeitsaufgaben eingesetzt.	☐	☐
Sie bekommen keine Arbeitsaufgabe zugewiesen und sind während Ihrer Arbeit ohne Beschäftigung.	☐	☐
4 Sie werden in Ihrem Ansehen herabgewürdigt.		
Man spricht hinter Ihrem Rücken schlecht über Sie.	☐	☐
Man verbreitet Gerüchte über Sie.	☐	☐
Man macht Sie vor anderen lächerlich.	☐	☐
Man verdächtigt Sie, psychisch krank zu sein.	☐	☐
Man imitiert Ihren Gang und/oder Ihre Stimme und/oder Ihre Gesten, um Sie lächerlich zu machen.	☐	☐
Man greift Ihre Herkunft an und macht sich darüber lustig.	☐	☐

Waren Sie in den letzten sechs Monaten von einigen der folgenden Handlungen betroffen?	Ja	Nein
Man beurteilt Ihre Arbeit in falscher und/oder kränkender Weise.	☐	☐
Man stellt Ihre Meinung infrage.	☐	☐
Man belästigt Sie in sexueller Weise und/oder macht sexuelle Anspielungen.	☐	☐
5 Sie werden bedroht.		
Man droht Ihnen mit körperlicher Gewalt.	☐	☐
Jemand verursacht Ihnen Kosten, um Ihnen zu schaden.	☐	☐
Jemand richtet an Ihrem Arbeitsplatz und/oder Zuhause Schaden an.	☐	☐

Sollten Sie von einigen der aufgeführten Handlungen wenigstens einmal in der Woche und über ein halbes Jahr hinweg betroffen sein, dann ist mit großer Wahrscheinlichkeit davon auszugehen, dass Sie es mit Mobbing zu tun haben.

Hat sich dieser Eindruck bestätigt, so nutzen Sie die Möglichkeiten unternehmensinterner und/oder -externer Hilfsangebote. Mit Sicherheit finden Sie professionelle Unterstützung bei einem Arzt, Psychologen oder auch Rechtsanwalt Ihres Vertrauens.

Ein schleichender Prozess

Mobbing kann sich über Monate oder Jahre hinziehen. Es handelt sich nicht um einen einmaligen Konflikt, sondern um einen längerfristigen Prozess. Dieser erfolgt zumeist in fünf Phasen:

1   Der Grund für das Phänomen Mobbing ist in der Regel ein nicht oder nur schlecht bearbeitetes Problem. Ein einfacher Konflikt – wird er nicht gelöst – entwickelt eine eigene Dynamik. Es kommt zu ersten, manchmal wechselnden Angriffen zwischen den Betroffenen. Ein Opfer kristallisiert sich heraus.

2   Die Angriffe konzentrieren sich auf eine Person, werden häufiger und intensiver. Psychoterror entsteht. Beim Opfer kommt es zu Kränkungen und damit zur Abnahme des Bewältigungsvermögens. Das Opfer wird immer mehr – auch für Dritte erkennbar – in seine Rolle verstrickt. Die Situation des Opfers wird zum „Fall" – und damit betriebsöffentlich.

3   Die Entwicklung eskaliert. Rechtsbrüche und Kränkungen nehmen zu. Beim Opfer entsteht Verzweiflung. Es sucht ärztliche oder psychologische Hilfe. Depressionen und Aggressionen wechseln sich ab. Das Opfer fühlt sich nicht mehr akzeptiert und ausgeschlossen.

4   Der Weg zur Ausgrenzung ist beschritten. Das Opfer wird so auffällig, dass sich der Arbeitgeber mit ihm beschäftigt. Während das Opfer verzweifelte Versuche zur Wiederaufrichtung seines Selbstwertgefühls unternimmt, wird die Meinung über seine Auffälligkeit festgeschrieben. Durch Abschieben, Kaltstellen oder Versetzung wird die Beendigung des Arbeitsverhältnisses vorbereitet.

5   Das Opfer verlässt das Unternehmen. In manchen Fällen erhält es eine Abfindung. Versuche, diese Erfahrungen in der Zeit danach zu bewältigen, bleiben zumeist ohne Er-

folg. Nicht selten sind Arbeitslosigkeit und das Auseinanderbrechen langjähriger Partnerschaften die Folge.

Konflikte eröffnen auch Chancen

In der Regel werden Konflikte in ihrer destruktiven Bedeutung gesehen. Doch ist es eine Tatsache, dass Differenzen und Meinungsverschiedenheiten durchaus auch Nutzen bringen. Nicht jeder Konflikt muss schädlich sein. Die folgenden Argumente begründen, warum von Konflikten auch wichtige Impulse und positive Entwicklungen ausgehen können:

- Konflikte weisen auf Probleme hin und helfen Missstände aufzudecken.

- Konflikte führen Klärungsprozesse herbei und brechen festgefahrene Strukturen auf.

- Konflikte schärfen das Problembewusstsein von Beteiligten und Betroffenen.

- Konflikte veranlassen Vorgesetzte, die Kommunikation mit ihren Mitarbeitern zu intensivieren.

- Konflikte motivieren Mitarbeiter, ihre Arbeitsinhalte und Berufsperspektiven zu überdenken.

- Konflikte sorgen für Veränderungen und verhindern Stillstand.

Anhand von Beispielen lässt sich zeigen, dass sogar eine Ermutigung zu Auseinandersetzungen – vorausgesetzt sie sind beizulegen – Nutzen bringen kann:

- Differenzen und Kontroversen können die Kreativität der Mitarbeiter anregen. Dies könnte für das Arbeitsklima nützlicher sein, als dauerhaftes Misstrauen und ständige Unzufriedenheit.

- Eine Konfrontation zweier Mitarbeiter kann deutlich machen, warum diese es bislang so schwierig fanden zusammenzuarbeiten. Lassen sich die Spannungen dadurch beseitigen, werden beide in Zukunft wahrscheinlich besser miteinander klarkommen.

- Kontrahenten, die trotz tiefgreifender Meinungsverschiedenheiten gelernt haben, fair miteinander umzugehen, können sich zu Höchstleistungen motivieren. Ohne den Respekt voreinander zu verlieren, könnten sie sich demzufolge im Rahmen des Unternehmens wichtige Karrierechancen erarbeiten.

- Reibereien zwischen einzelnen Mitarbeitern können eine Arbeitsgruppe dazu veranlassen, ihre Form der Zusammenarbeit zu hinterfragen und neu auszurichten. Dies wäre ein lohnenswerter Beitrag zur Verbesserung des Zusammengehörigkeitsgefühls.

- Häufige Differenzen zwischen Mitarbeitern können auf Schnittstellenprobleme hinweisen, die gelöst werden müssen. Gelingt dies, könnten weiterreichende Schwierigkeiten für die Zukunft verhindert werden.

Schärfen Sie Ihr Problembewusstsein

Konflikte fallen nicht vom Himmel. Sie deuten sich an. Wenn Sie die entsprechenden Anzeichen erkennen, können Sie sich auf eine mögliche Auseinandersetzung rechtzeitig einstellen oder sie gar vermeiden. Voraussetzung dafür ist jedoch eine besondere Sensibilität im Hinblick auf Stimmungen und Veränderungen am Arbeitsplatz. Ein geschärftes Problembewusstsein wird Ihnen helfen, das Konfliktpotenzial zu sichten und den Konfliktverlauf in seiner Dynamik einzuschätzen. Dabei sollten Sie auch Ihren persönlichen Anteil am Konfliktgeschehen berücksichtigen.

Ob Sie einen Konflikt erkennen, hängt in erster Linie davon ab, wie Sie zwischenmenschliche Probleme wahrnehmen. Häufig führt bereits die Angst, in eine Auseinandersetzung verwickelt zu werden, zu einer selektiven Wahrnehmung. Sie kann der Grund dafür sein, dass ein bereits schwelender Konflikt gar nicht bemerkt oder nur verzögert wahrgenommen wird.

Beispiel:

Eine lautstarke Auseinandersetzung sorgt auf dem Betriebsparkplatz für Aufmerksamkeit. Aus Angst, in ein Handgemenge verwickelt zu werden, nehmen manche Zeugen die Situation nur in Ausschnitten wahr: Während die einen vor Schreck „wie gelähmt" sind, sprechen andere im Nachhinein von einem „überschwänglichen Begrüßungsritual".

Was Schubladendenken bewirkt

Um nicht mühsam und zeitraubend eine Vielzahl von Informationen sammeln und bewerten zu müssen, versuchen viele Menschen, soziale Situationen und Verhaltensweisen möglichst einfach zu interpretieren. Dies gilt auch für Konflikte und deren Ursachen.

Menschen, die etwa zum ersten Mal mit einer fremden Person zu tun haben, neigen leicht zum sogenannten „Schubladendenken": Ein besonderes Merkmal an dieser Person wird wahrgenommen und einer bestimmten Bedeutung oder Erfahrung zugeordnet – was einerseits den Umgang erleichtert, andererseits aber auch zu Fehleinschätzungen führen kann. Wenn Anständigkeit und Ehrlichkeit ins gleiche Schubfach gehören wie eine gepflegte äußere Erscheinung, dann passen Personen mit ungebügelten Hosen nicht in diese Kategorie – und erscheinen dem „Schubladendenker" als suspekt und unehrlich.

Anzeichen, die Sie ernst nehmen müssen

In der Regel beginnt jeder Konflikt mit einem Problem. Nur selten entstehen Auseinandersetzungen grundlos. Allerdings werden Konflikte nicht immer offen und für alle sichtbar ausgetragen. Häufig handelt es sich um verdeckte und von anderen kaum wahrzunehmende Unstimmigkeiten.

Mit etwas Erfahrung und Sensibilität werden Sie dennoch Anzeichen erkennen, die auf eine sich entwickelnde oder aber bereits bestehende Auseinandersetzung hindeuten. Nehmen Sie deshalb die folgenden Hinweise ernst.

Hohe Fehlzeiten und starke Fluktuation

Wer mit ständigen Auseinandersetzungen leben muss, reagiert häufig mit gesundheitlichen Problemen (z.B. Bluthochdruck, Magenschmerzen, Schlafstörungen). Ständiger Ärger und innere Unruhe, ja sogar Verzweiflung schränken das allgemeine Wohlbefinden beträchtlich ein. Machtkämpfe und Reibereien lassen manchem Mitarbeiter die Krankschreibung auch ohne sachgerechte Diagnose als einzigen Ausweg erscheinen. Nur durch die Abwesenheit vom Arbeitsplatz gelingt es ihnen, sich aus dem Konfliktfeld zu lösen und Ruhe zu finden. Ein hoher Krankenstand ist deshalb sehr oft Ausdruck konfliktreicher Arbeitsbeziehungen.

Auch häufige Zu- und Abgänge von Mitarbeitern spiegeln zumeist ein hohes Maß an Konfliktpotenzial wider. Ein ständiger Wechsel der Kollegen erschwert den Aufbau vertrauensvoller Arbeitsbeziehungen und sorgt für Spannungen. Grundlos werden Mitarbeiter – wenn sie sich wohlfühlen – nicht bereit sein, ihren Arbeitsplatz gegen einen anderen einzutauschen.

> Sollten Sie Personalverantwortung haben, so analysieren Sie regelmäßig die Fehlzeitenrate Ihrer Abteilung. Reagieren Sie umgehend auf Veränderungen. Wenn ein Mitarbeiter vergleichsweise häufig fehlt, sollten Sie daran denken, dass auch Konfliktsituationen daran Schuld sein könnten. Sprechen Sie mit dem Mitarbeiter. Beziehen Sie bei der Suche nach möglichen Gründen gegebenenfalls auch seine private Lebenssituation mit ein. Wichtig ist dabei jedoch, dass sich der Mitarbeiter nicht unter Druck gesetzt fühlt.

Dienst nach Vorschrift und innere Kündigung

Zeigen Mitarbeiter kein Interesse (mehr) an ihrer Arbeit und lassen das notwendige Engagement vermissen, ist ebenfalls besondere Aufmerksamkeit geboten. Während manche mit „Dienst nach Vorschrift" auf Konfliktsituationen reagieren und pünktlich auf die Minute ihren Arbeitsplatz verlassen, fallen andere durch Disziplinlosigkeit und Streitsucht auf.

> Bestimmt Gleichgültigkeit den Arbeitsalltag und sind Pannen an der Tagesordnung, sollten Sie klären, was mit Ihren Kollegen los ist. Finden Sie die Gründe heraus, die für Desinteresse und Unzufriedenheit sorgen. Decken Sie mögliche Konfliktquellen auf. Beziehen Sie gegebenenfalls Vertreter des Betriebs-/Personalrats oder der Personalabteilung mit ein.

Angst vor Veränderung

Die Art und Weise, wie Führungskräfte und Mitarbeiter aufeinander zugehen und miteinander kommunizieren, wie groß ihre Gemeinsamkeiten sind und ihr Verständnis füreinander, wie sie ihre Probleme lösen und sich auf Veränderungen einstellen – dies alles spiegelt die Kultur eines Unternehmens wider.

Wenn Kollegen dabei eher als Konkurrenten gesehen werden und Vorgesetzte für die Probleme ihrer Mitarbeiter kein Verständnis zeigen, wird die Atmosphäre von Angst und Verunsicherung bestimmt. Dies gilt insbesondere unter dem Druck notwendiger Veränderungen. In einem Umfeld, in dem Abwehrverhalten und Schuldzuweisungen den Arbeitsalltag bestimmen, werden neue Herausforderungen als Bestrafung empfunden und die Mitarbeiter haben Angst, bei Neuerungen

Fehler zu machen oder sich zu blamieren. In einer von gegen-seitigem Respekt getragenen Unternehmenskultur dagegen werden sich die Mitarbeiter gerne engagieren.

Kommunikations- und Orientierungslosigkeit

Die Kommunikation zwischen den verschiedenen Arbeits-bereichen und Unternehmensebenen lässt zu wünschen übrig. Sie erfolgt unkoordiniert und unregelmäßig. Vielen Beschäf-tigten bleiben deshalb wichtige Hintergründe und Zusam-menhänge ihrer Tätigkeit verborgen. Gerüchte machen die Runde und Büroklatsch gewinnt an Bedeutung. Solche Um-stände sind Vorboten von Konflikten, die Sie besser schon im Keim ersticken.

Vorgesetzte mit Führungsschwäche

Einige Vorgesetzte vermitteln den Eindruck, dass sie ihrer Führungsaufgabe nicht gewachsen und mit ihrer Verantwor-tung überfordert sind. Ihr Büro verlassen sie nur in Ausnah-mefällen – sie scheuen den Kontakt zu ihren Mitarbeitern. Probleme werden bagatellisiert und eher ausgesessen als angegangen. Notwendige Entscheidungen treffen sie spontan und oft zu spät. Auf Anregungen und Kritik ihrer Mitarbeiter reagieren sie gereizt.

Cliquenbildung und Machtspiele

Notwendige Informationen werden nicht allen Beschäftigten zugänglich gemacht, sondern zirkulieren nur zwischen Kollegen gegenseitigen Vertrauens. So gewinnen einzelne Mitarbeiter den Eindruck ausgeschlossen zu sein. Es wird eher gegeneinander gearbeitet als miteinander. Versuche, sich auf Kosten der Kollegen zu profilieren, nehmen zu. Um voranzukommen werden die Ellenbogen eingesetzt. Intrigen und Machtkämpfe sind an der Tagesordnung. Der Zusammenhalt zwischen den Mitarbeitern zerfällt – es bilden sich Cliquen und Seilschaften.

Sichten Sie das Konfliktpotenzial

Um entsprechende Warnzeichen richtig interpretieren zu können, benötigen Sie zusätzliche Informationen. Sammeln Sie deshalb alle für den Konflikt relevanten Hinweise, insbesondere zu Ursachen und Hintergründen, den Rahmenbedingungen sowie über die Beteiligten und ihre Interessen.

Eine solche Sichtung des Konfliktpotenzials ist mühsam. Sie verhindert aber, dass Sie sich alleine von Emotionen leiten lassen. Eine gute Vorbereitung und entsprechende Analyse trägt dazu bei, Fehleinschätzungen und Schubladendenken zu vermeiden. So weichen Sie möglichen Fallstricken und Stolpersteinen aus und verschaffen sich für die weitere Auseinandersetzung eine bestmögliche Ausgangsposition.

Das Konflikt-Tagebuch

Mit der Zeit wird es immer schwieriger sich an zurückliegende Streitpunkte zu erinnern. Aufzeichnungen können helfen, diese in Erinnerung zu rufen. Anlässe und Themen, aber auch die Einstellungen und Verhaltensweisen der Beteiligten lassen sich so besser analysieren und in ihrer Systematik erkennen. Legen Sie sich deshalb ein Konflikt-Tagebuch an.

Ein Konflikt-Tagebuch sollte Datum und Ort, den Problemhintergrund, die Beteiligten und den konkreten Anlass sowie die Auswirkungen des Konflikts dokumentieren.

Das Konflikt-Tagebuch	
Datum:	Ort:
■ Worum ging es?	
■ Weshalb wurde die Sache konfliktträchtig?	
■ Wer hat sich wie verhalten?	
■ Wer hat was gesagt?	
■ Welche Rahmenbedingungen und sonstige Umstände waren von Bedeutung?	
■ Woran wurde der Konflikt deutlich?	
■ Welche Gefühle wurden bei mir ausgelöst?	
■ Wie habe ich reagiert?	
■ Wer hat mich unterstützt?	
■ Welche Zeugen gab es?	

Konfliktbedingungen unterscheiden sich

Ist die Situation, in der Sie sich derzeit befinden, nur schwer zu durchschauen, so versuchen Sie zunächst die Konfliktbedingungen zu klären. Welche Einflüsse und Konstellationen können dabei am Arbeitsplatz eine Rolle spielen? Zunächst einmal sind es Sie selbst: Ihre Eigenheiten und Einstellungen, Verhaltensweisen und Ziele bestimmen nicht etwa nur Ihre eigene Einsatz- und Konfliktbereitschaft, sondern auch das Verhältnis zu den Kollegen, Ihren Mitarbeitern und zu Ihren Vorgesetzten.

Der zwischenmenschliche Kontakt in Arbeitsgruppen und Dienstbesprechungen, am Kopierer oder in der Mittagspause dient dabei sowohl dem Austausch sachlicher Informationen („Ich brauche da noch Ihre Unterschrift.") und emotionaler Botschaften („Ihre Ruhe möchte ich haben.") als auch einem ständigen Aushandlungsprozess. Anerkennung und Ansehen, Macht und Einfluss, Vertrauen und Zuversicht werden im Rahmen solch alltäglicher Positionskämpfe erworben oder auch verspielt.

Von Bedeutung sind dabei nicht nur Nähe und Distanz der Konfliktparteien, sondern auch die vom Unternehmen vorgegebenen Rahmenbedingungen. Neben Werten, Zielen, Normen und Regeln, die in Ihrem Unternehmen gelten, sind auch die Mittel und Ressourcen, die Sie zur Verfügung haben, wichtige Rahmenbedingungen. Auch Organisationsaufbau und -strukturen und natürlich Ihre eigentlichen Arbeitsaufgaben und -abläufe beeinflussen die persönlichen Konfliktbedingungen.

Das Konfliktgeschehen ist also von zahlreichen Faktoren abhängig: Zu unterschiedlichen Anteilen wird es sowohl von subjektiven Bedingungen (z. B. persönliche Einstellungen und Motive, Beziehungsprobleme und Verhaltensweisen) als auch von objektiven Bedingungen (z. B. Arbeitsinhalte und -abläufe, Mitbestimmungsmöglichkeiten und Sachprobleme) bestimmt.

Der Eigenanteil am Konflikt

Natürlich sind an Auseinandersetzungen in der Regel mehrere Personen beteiligt. Dies darf jedoch nicht darüber hinwegtäuschen, dass auch Sie die Entstehung und den Verlauf eines Konflikts beeinflussen können. Fangen Sie deshalb zunächst bei sich an: Klären Sie, welchen Anteil Sie am Konfliktgeschehen haben. Nehmen Sie eine ehrliche Selbsteinschätzung vor. Anders ausgedrückt: Bevor Sie Ihre Kollegen oder bestimmte Umstände verantwortlich machen, sollten Sie abklären, ob nicht Sie selbst der Auslöser des Konflikts sind.

Beispiel:

 Ein Mitarbeiter will etwas schreiben. Ihm fehlt jedoch ein Kugelschreiber. Sein Kollege hat einen. Also beschließt er, sich diesen auszuborgen. Doch da kommen ihm Zweifel: Was passiert, wenn der Kollege nicht bereit ist, den Stift zu verleihen? Gestern schon verhielt er sich distanziert und grüßte nur flüchtig. Vielleicht war er in Eile. Doch vielleicht war die Hektik nur vorgeschoben und er hat was gegen mich. Aber was? Ich habe ihm doch nichts getan; der bildet sich da bestimmt etwas ein. Wenn sich jemand von mir einen Kugelschreiber borgen wollte, ich gäbe ihn sofort. Und warum er nicht? Wie kann er mir einen so einfachen Wunsch abschlagen? Leute wie dieser Kerl vergiften das Arbeitsklima. Und dann bildet er sich noch ein, ich sei auf ihn angewiesen. Bloß

> weil ich gerade etwas zum Schreiben brauche. Jetzt reicht's mir wirklich. – Und so stürmt er an den Schreibtisch seines Gegenübers. Noch bevor sein Kollege etwas sagen kann, faucht ihn der Mitarbeiter an: „Ich komme auch ohne Ihren Kugelschreiber zurecht, Sie Egoist."

Dieses Beispiel illustriert, wie schnell eine Kette von Einbildungen und Unterstellungen einen ahnungslosen Kollegen in eine Konfliktsituation bringen kann. Indem die Verantwortung für das eigene Handeln einer anderen Person übertragen wird, gelingt es, sich gegenüber Eigenkritik und Selbstzweifeln erfolgreich zu immunisieren.

Damit Sie realistisch bleiben, sollten Sie stets auch Ihr eigenes Verhalten im Hinblick auf die Entstehung von Konflikten hinterfragen. Auf diese Weise können Sie abklären, inwieweit manches Ihrer Probleme selbst verursacht ist. Die folgende Checkliste – bezogen auf den Bereich der Aufgabenerledigung – wird Ihnen dabei helfen.

Checkliste: Welchen Eigenanteil habe ich an der Entstehung von Konflikten?

Verhaltensweise	Einschätzung
▪ Kenne ich die Hauptaufgaben meiner Tätigkeit und weiß ich, was von mir an meinem Arbeitsplatz erwartet wird?	
▪ Sind meine Aufgabenziele mit meinem Vorgesetzten abgestimmt?	

Verhaltensweise	Einschätzung
▪ Welche in meinem Arbeitsgebiet routinemäßig wiederkehrenden Aufgaben muss ich erledigen?	
▪ Habe ich jederzeit einen Überblick über die zur Bearbeitung anstehenden Aufgaben?	
▪ Kann ich zwischen Dringlichkeit und Wichtigkeit meiner Aufgaben unterscheiden?	
▪ Setze ich Prioritäten?	
▪ Erledige ich meine Aufgaben rechtzeitig?	
▪ Gerate ich dabei öfter unter Druck?	
▪ Muss ich von Vorgesetzten oder Kollegen an die Erledigung meiner Aufgaben erinnert werden?	
▪ Schiebe ich Aufgaben vor mir her?	
▪ Erledige ich meine Aufgaben vollständig?	
▪ Erhalte ich oft Rückfragen oder Beschwerden?	
▪ Erhalte ich Klagen darüber, dass ich Vorgesetzte oder Kollegen nicht ausreichend informiere?	
▪ Verstehe ich mich mit meinem Vorgesetzten?	
▪ Verstehe ich mich mit meinen Kollegen?	

Machen Sie sich nichts vor – die Beantwortung des obigen Fragenkatalogs spiegelt nur Ihre Selbsteinschätzung wider. Ebenso wichtig wäre es aber zu wissen, wie Sie von anderen Menschen gesehen werden. Bemühen Sie sich deshalb darum, Rückmeldungen zu Ihrem Auftreten und Verhalten zu bekommen. Eine solche Fremdeinschätzung durch Freunde oder auch vertraute Kollegen bestätigt oder korrigiert Ihre persönliche Sicht der Dinge.

Sind Sie sich nun über Ihren persönlichen Beitrag an der Konfliktsituation im Klaren, sollten Sie Ihr Augenmerk auf das breite Spektrum weiterer Konfliktbedingungen richten.

Die objektiven Konfliktbedingungen

Alle auf einer sachlichen Ebene liegenden und relativ leicht nachvollziehbaren Einflüsse und Ursachen zählen zu den objektiven Konfliktbedingungen. Dazu gehören neben den ethischen Grundlagen und Zielen des Unternehmens, seinem Aufbau und seinen Strukturen, den Arbeitsaufgaben und -abläufen, Normen und Werten auch die zur Verfügung stehenden Mittel und Ressourcen.

Anders ausgedrückt: Mitarbeiter können nicht in jeder Firma auf flexible Arbeitszeiten hoffen und müssen vielerorts auch auf die Möglichkeit einer regelmäßigen Fort- und Weiterbildung verzichten. Bei anderen Arbeitgebern sorgt wiederum eine entsprechende Infrastruktur – vom Betriebskindergarten bis zum Betriebssport – für das Wohl der Beschäftigten. Während sich in einigen Unternehmen Psychologen und Sozialarbeiter um die Lösung von Problemen kümmern, suchen Mitarbeiter andernorts entsprechende Hilfsangebote vergebens. Kurz: Jedes Unternehmen bietet Bedingungen, die Konflikte entweder fördern oder aber verhindern.

Finden Sie heraus, inwieweit sich derartige Einflüsse auf das Konfliktpotenzial an Ihrem Arbeitsplatz auswirken. Die folgende Checkliste wird Ihnen dabei helfen.

Checkliste: objektive Konfliktbedingungen

Sind die folgenden Bedingungen für das Konfliktgeschehen an Ihrem Arbeitsplatz von Bedeutung?

1   Werte und Ziele

Dieser Bereich umfasst u. a. die Ethik des Unternehmens, seine Visionen und Zukunftsvorstellungen, strategischen Ziele und Planungen sowie Führungsgrundsätze und -richtlinien:

	Ja	Nein
▪ Sind die Werte und Ziele des Unternehmens für alle Mitarbeiter verständlich?	☐	☐
▪ Sind die Werte und Ziele des Unternehmens widerspruchsfrei?	☐	☐
▪ Werden die Werte und Ziele des Unternehmens allgemein akzeptiert?	☐	☐
▪ Werden die Werte und Ziele des Unternehmens im Alltag gelebt?	☐	☐

2   Organisationsaufbau und Organisationsstrukturen

Hierunter fallen u. a. Größe und Umfang des Unternehmens, Anzahl der Hierarchieebenen, Zusammensetzung der Mitarbeiterschaft sowie Aufstiegs- und Entwicklungsmöglichkeiten:

	Ja	Nein
▪ Ist eine unmittelbare Kontaktaufnahme zwischen den Kollegen, aber auch zu den Vorgesetzten möglich?	☐	☐
▪ Werden Macht- und Statusunterschiede erkennbar?	☐	☐

Sind die folgenden Bedingungen für das Konfliktgeschehen an Ihrem Arbeitsplatz von Bedeutung?

	Ja	Nein
▪ Sind Art und Niveau der fachlichen Qualifikationen vergleichbar?	☐	☐
▪ Sind Kompetenzen und Verantwortungsbereiche voneinander abgegrenzt?	☐	☐
▪ Welche Aufstiegs- und Entwicklungsmöglichkeiten gibt es?		

3 Normen und Regeln

Damit sind u.a. Richtlinien zur Einstellung, Beurteilung und Förderung der Mitarbeiter, Arbeitsanweisungen und Kontrollsysteme, Dienstwege sowie Entscheidungsprozesse gemeint:

	Ja	Nein
▪ Sind die Normen und Regeln des Unternehmens allen Mitarbeitern bekannt?	☐	☐
▪ Werden die Normen und Regeln des Unternehmens situationsbezogen gehandhabt?	☐	☐
▪ Welche Folgen haben Abweichungen?		

4 Mittel und Ressourcen

Dieser Bereich umfasst u.a. Personal, Räume und deren Ausstattung sowie das zur Verfügung stehende Budget:

	Ja	Nein
▪ Stehen für die Arbeits- und Aufgabenerfüllung ausreichende Mittel und Ressourcen zur Verfügung?	☐	☐
▪ Sind die zur Verfügung stehenden Mittel und Ressourcen notfalls ersetz- oder ergänzbar?	☐	☐
▪ Sind die zur Verfügung stehenden Mittel und Ressourcen an die Erreichung von Arbeitszielen gekoppelt?	☐	☐

Sind die folgenden Bedingungen für das Konfliktgeschehen an Ihrem Arbeitsplatz von Bedeutung?

5 Aufgaben und Arbeitsabläufe

Zu diesem Bereich gehören u. a. Anforderungen und Anreize, Belastungen, Entscheidungsspielräume sowie Kompetenzen der Mitarbeiter:

	Ja	Nein
▪ Sind die Aufgaben und Arbeitsabläufe abwechslungsreich und interessant?	☐	☐
▪ Sind die Aufgabenstellungen klar und eindeutig?	☐	☐

	Ja	Nein
▪ Sind die Aufgaben und Arbeitsabläufe anspruchsvoll und herausfordernd?	☐	☐

▪ Welche Unterstützung erfahren die Mitarbeiter?

▪ Welche Entscheidungsspielräume können die Mitarbeiter nutzen?

	Ja	Nein
▪ Erfordern die Aufgaben und Arbeitsabläufe eine regelmäßige Fort- und Weiterbildung?	☐	☐

Die subjektiven Konfliktbedingungen

Konflikte entwickeln sich nie alleine aufgrund schwieriger Arbeitsbedingungen oder einer bestimmten Unternehmenssituation – immer steuern Menschen etwas dazu bei. Deshalb spielen auch subjektive Bedingungen für das Konfliktgeschehen eine wichtige Rolle. Von persönlichen Gefühlen und Interessen geleitete Handlungen sind für andere Menschen besonders schwer nachzuvollziehen. Persönliche Merkmale,

Einstellungen und Verhaltensweisen gehören ebenso dazu wie das Beziehungsverhältnis zwischen den Konfliktparteien.

Anders ausgedrückt: Menschen verhalten sich nicht immer wie erwartet oder erwünscht. Sie reagieren empfindsam, wenn sie sich ungerecht behandelt oder unwohl fühlen. Sie können aggressiv werden oder sich zurückziehen. Sie können einfühlsam und hilfsbereit sein, aber auch andere übergehen und sich besser darstellen, als sie sind. Sie können sich ebenso unterordnen und zurücknehmen wie ihre Mitmenschen dominieren und für ihre Interessen einspannen. Kurz: Sie sind alles andere als perfekt.

Die folgende Checkliste wird Ihnen helfen diese subjektiven Konfliktbedingungen einzuschätzen.

Checkliste: subjektive Konfliktbedinungen

Sind die folgenden Bedingungen für das Konfliktgeschehen an Ihrem Arbeitsplatz von Bedeutung?

1 Persönliche Merkmale

Dieser Bereich umfasst u.a. Flexibilität, Humor, Kommunikationsfreudigkeit und komplexes Denken der Kollegen und Mitarbeiter:

	Ja	Nein
▪ Sind bei den Kollegen/Mitarbeitern Merkmale vorhanden, die die Neigung zu Konflikten fördern? Welche könnten dies sein?	☐	☐
▪ Sind die Kollegen/Mitarbeiter für Konflikte genügend belastbar?	☐	☐

Sind die folgenden Bedingungen für das Konfliktgeschehen an Ihrem Arbeitsplatz von Bedeutung?

2   Einstellungen und Motive

Dieser Bereich umfasst u.a. Motivation und Konkurrenzdenken, die Identifikation der Kollegen und Mitarbeiter mit ihrer Arbeit sowie deren Loyalität zum Unternehmen:

		Ja	Nein
■	Fühlen sich die Kollegen/Mitarbeiter den eigenen Werthaltungen verpflichtet?	☐	☐
■	Stehen die Einstellungen einzelner Kollegen/ Mitarbeiter im Widerspruch zu den Erwartungen des Unternehmens?	☐	☐

3   Wahrnehmungen und Kenntnisse

Dieser Bereich bezieht sich u.a. auf die Wahrnehmung sozialer Prozesse, das Gespür von Kollegen und Mitarbeitern für die Details der Situation sowie die konkreten Auswirkungen des eigenen Verhaltens:

		Ja	Nein
■	Werden mögliche Konfliktfelder von den Kollegen/Mitarbeitern klar erkannt und differenziert wahrgenommen?	☐	☐
■	Kennen die Kollegen/Mitarbeiter die an sie, aber auch aneinander gerichteten Erwartungen?	☐	☐

■ Wie schätzen die Kollegen/Mitarbeiter ihre eigene Situation im Hinblick auf den sich abzeichnenden/bereits bestehenden Konflikt ein?

		Ja	Nein
■	Kennen die Kollegen/Mitarbeiter den eigenen Anteil am sich abzeichnenden/bereits bestehenden Konflikt?	☐	☐

Sind die folgenden Bedingungen für das Konfliktgeschehen an Ihrem Arbeitsplatz von Bedeutung?

4 Verhaltensweisen

Dieser Bereich bezieht sich u.a. auf das Arbeits- und Führungsverhalten, die Flexibilität des Verhaltensrepertoires sowie die verbale und nonverbale Ausdrucksfähigkeit der Kollegen und Mitarbeiter:

		Ja	Nein
▪	Ist das Verhalten der Kollegen/Mitarbeiter dem Problem/der Situation angemessen?	☐	☐
▪	Überwiegen rationale oder emotionale Anteile?		

_____

_____

		Ja	Nein
▪	Respektieren die Kollegen/Mitarbeiter ihre gegenseitige Verletzbarkeit?	☐	☐

5 Beziehungen

Dieser Bereich umfasst u.a. Kollegialität, Offenheit und Vertrauen sowie die gegenseitigen Abhängigkeiten der Kollegen und Mitarbeiter:

		Ja	Nein
▪	Sind die Beziehungen der Kollegen/Mitarbeiter frei von Hierarchie- und Statusunterschieden?	☐	☐
▪	Welche Geschichte hat sich zwischen den einzelnen Kollegen/Mitarbeitern entwickelt?		

_____

_____

		Ja	Nein
▪	Stehen die Kollegen/Mitarbeiter in einem direkten Kontakt zueinander?	☐	☐
▪	Können sich die Kollegen/Mitarbeiter gegenseitig schaden?	☐	☐

Beurteilen Sie den Konfliktverlauf

Konflikte bauen sich oft über Wochen oder Monate auf. Doch dann gewinnen sie schnell an Brisanz. Meist bedarf es nur noch eines geringen Anlasses, um das Fass zum Überlaufen zu bringen. Eine unbedachte Äußerung, ein falscher Blick, ein kleines Missverständnis kann so zum Ausgangspunkt für eine vergiftete Atmosphäre oder eine persönliche Feindschaft werden.

Versuchen Sie sich deshalb einen Eindruck zu verschaffen, der über eine bloße Momentaufnahme hinausreicht. Beobachten Sie das Problemfeld und stellen Sie fest, ob es sich mit der Zeit verändert. Nur so erhalten Sie eine Einschätzung, die letztlich Ihren Bezug zum Konfliktgeschehen bestimmt.

Jeder Konflikt kann eskalieren

Auseinandersetzungen entwickeln oft eine verhängnisvolle Eigendynamik. Ein mehrstufiges Modell der Konflikteskalation beschreibt diese – allerdings auch umkehrbare – Entwicklung. Fünf Phasen sollen danach unterschieden werden.

Die fünf Phasen der Konflikteskalation

 1. In dieser Phase finden engagierte Debatten und Diskussionen statt. Unterschiedliche Standpunkte kristallisieren sich heraus. Gespräche zwischen den Beteiligten erweisen sich als schwierig.

2. In dieser Phase wird die Gegensätzlichkeit der Positionen deutlich. Nicht Gemeinsamkeiten, sondern Unterschiede werden betont. Das Bewusstsein über die Differenzen erzeugt negative Emotionen wie Ärger oder Enttäuschung. Noch besteht die Überzeugung, die aufkommenden Spannungen in den Griff zu bekommen.

3. In dieser Phase kommt es zu einer Verhärtung der Positionen. Die Atmosphäre wird gereizter, es häufen sich verbale Entgleisungen. Die Standpunkte werden unversöhnlicher. Die Suche nach Verbündeten wird intensiviert. Forderungen und Ultimaten werden gestellt.

4. In dieser Phase schwindet der Glaube an eine einvernehmliche Lösung des entstandenen Konflikts. Misstrauen macht sich breit. Vollendete Tatsachen tragen zum Aufbau von Drohpotenzial bei. Sanktionen werden angekündigt und damit eine Eskalation der Auseinandersetzung herbeigeführt.

5. In dieser Phase gibt es kein Zurück mehr – der Konflikt hat sich zu einem Kampf entwickelt. Rücksichtslosigkeit bestimmt das Konfliktgeschehen. Das aufgebaute Drohpotenzial kommt zur Anwendung.

Die Beantwortung der folgenden Fragen wird Ihnen dabei helfen, den Konfliktverlauf – auch hinsichtlich seiner zukünftigen Entwicklung – besser einzuschätzen.

Checkliste: Wie ist der Konflikt verlaufen?

- Welche Vorgeschichte hat der Konflikt?

- Sind kritische Wendepunkte im Konfliktverlauf zu erkennen?

- Ist der Konflikt eskaliert, hat er sich abgeschwächt oder in anderer Weise verändert?

- In welchen Situationen erhitzt sich der Konflikt, in welchen kühlt er sich ab?

- Was ist geeignet den Konflikt voranzutreiben oder abzuschwächen?

- Gibt es Situationen, in denen eine Distanzierung vom Konfliktgeschehen möglich ist?

- Welche Möglichkeiten werden von wem und in welchen Situationen zur Konfliktlösung vorgeschlagen?

- Wie wird versucht, die Möglichkeiten zur Konfliktlösung umzusetzen?

Mit Konflikten umgehen

Aus dem Teufelskreis negativer Emotionen herauszukommen ist nicht einfach. Doch wer sich Konflikten stellt und sie strategisch angeht, kann den Sprung in die Erfolgsspirale schaffen.

In diesem Kapitel erfahren Sie

- wie Sie eine Strategie zur Konfliktlösung entwickeln und
- welche Fähigkeiten und Kompetenzen Sie benötigen, um sich in Konfliktsituationen behaupten zu können.

Ihre Interessenlage zählt

Egal welchen Konflikt Sie ausfechten – fast immer haben Sie es mit einem Geflecht unterschiedlicher Interessen und Personen zu tun. Gegenseitige Abhängigkeiten machen Auseinandersetzungen am Arbeitsplatz besonders schwer durchschaubar.

Entsprechende Zusammenhänge mal eben einschätzen und beeinflussen zu wollen, zeugt von fehlender Erfahrung im Umgang mit zwischenmenschlichen Problemen. Konflikte, die nicht nur Ihre Arbeitszufriedenheit, sondern möglicherweise auch Ihre berufliche Zukunft betreffen, sollten Sie nicht auf die leichte Schulter nehmen. Überlegen Sie deshalb genau, was zu tun ist!

Nicht jedes Problem ist eine Auseinandersetzung wert. Nehmen Sie sich Zeit für eine Abklärung Ihrer persönlichen Interessenlage. Finden Sie heraus, wie wichtig Ihnen der Konflikt und das zugrunde liegende Problem wirklich sind. Versuchen Sie die zukünftige Entwicklung der Auseinandersetzung zu prognostizieren und die Auswirkungen einer möglichen Eskalation abzuschätzen. Stellen Sie sich vor, welche Konsequenzen – ob beabsichtigt oder nicht – ein solcher Konflikt für Sie haben könnte. Berücksichtigen Sie dabei neben Ihrer beruflichen Existenz auch Ihre private Lebenssituation.

Beispiel:

 Ein Schichtleiter beabsichtigt, durch einen neuen Führungsstil für ein leistungsförderndes Arbeitsklima zu sorgen. Seine Innovationsfreudigkeit ruft bei den Beschäftigten jedoch eine Abwehrhaltung hervor – immer wieder gerät er mit seinen Mitarbeitern aneinander. Durch ständige Blockaden versuchen diese den dynamischen Vorgesetzten auszubremsen.

Schon bald kommt es zu den beabsichtigten Folgen: Der Schichtleiter verliert die Lust an den zeitraubenden Auseinandersetzungen und verzichtet auf weitere Veränderungen. Nach wenigen Wochen treten jedoch unbeabsichtigte Folgen ein: Der Schichtleiter zieht sich resigniert zurück und lässt sich versetzen. Als kurze Zeit später ein unbeliebter Vorarbeiter sein Nachfolger wird, wünschen sich die meisten Mitarbeiter ihren alten Schichtleiter zurück.

Wie wichtig Ihnen eine bestimmte Auseinandersetzung wirklich ist, sollten Sie nicht an Ihrer augenblicklichen Betroffenheit, sondern an Ihrer zukünftigen Interessenlage festmachen. Klären Sie, welchen Einfluss die entsprechende Konfliktsituation auf die folgenden Aspekte Ihres Lebens hat:

- Ihre Gesundheit, also Ihr körperliches und emotionales Wohlbefinden.

- Ihre Arbeitszufriedenheit, also Ihr tätigkeitsbezogenes Interesse und Engagement, Ihre Vorgesetzten und den Kreis Ihrer Kollegen, das Betriebsklima sowie das Ansehen Ihres Unternehmens.

- Ihre Berufsperspektiven, also Ihre berufsbezogenen Karrieremöglichkeiten und Zukunftspläne.

- Ihre Partnerschaft, also Ihre Einbindung in die Familie oder eine enge und verlässliche Beziehung.

- Ihre sozialen Kontakte, also Ihren Freundes- und Bekanntenkreis.

- Ihre Finanzsituation, also Ihre Einkommens- und Vermögensverhältnisse.

- Ihre ganz persönliche Vision von einem zukünftigen Leben, also wie und unter welchen Bedingungen Sie Ihre Zukunft gestalten möchten.

Entwickeln Sie eine Strategie

Sie können sich einem Konflikt nicht mehr entziehen oder haben sich ganz bewusst entschieden, eine Auseinandersetzung einzugehen. Was Sie nun brauchen ist eine Handlungsanleitung.

Entwickeln Sie für diesen Zweck eine Strategie, wie Sie mit dem bestehenden Interessen- oder Meinungsunterschied umgehen wollen. Eine systematische Vorgehensweise wird Ihnen helfen, auf die entscheidenden Dimensionen der Auseinandersetzung Einfluss zu nehmen. Sie verschaffen sich damit zugleich die besten Voraussetzungen, um das Konfliktgeschehen aktiv steuern zu können.

Wie Sie sich dem Konflikt stellen können

In welchen Schritten sollten Sie Ihre Strategie nun umsetzen? Nehmen wir an, Sie haben eine besondere Sensibilität für mögliche Konfliktquellen entwickelt und die Anzeichen für Spannungen frühzeitig erkannt. Sie haben Ihren Anteil an der Problematik hinterfragt und das Konfliktpotenzial gesichtet. Sie wissen, in welcher Phase des Konfliktverlaufs Sie sich befinden. Nun geht es darum, sich für eine Konfrontation zu rüsten.

Die ersten drei Schritte betreffen dabei die Fähigkeiten und Kompetenzen, die Sie brauchen, um sich in Konfliktsituationen behaupten zu können. In den weiteren Etappen sollten Sie dann versuchen, auf den Konfliktverlauf Einfluss zu nehmen.

Leitfaden: Strategie zur Lösung von Konflikten

 1. **Gewinnen Sie Selbstsicherheit.**
Damit Sie auch in unübersichtlichen Situationen einen klaren Kopf bewahren, brauchen Sie Vertrauen in die eigene Person, in die Richtigkeit Ihrer Entscheidungen und in Ihr Handeln. Erst auf der Grundlage eines positiven Selbstwertgefühls sollten Sie sich eine aktive Einflussnahme auf das Konfliktgeschehen zutrauen. Tun Sie etwas, damit Sie nicht in einen Teufelskreis negativer Emotionen geraten. Entwickeln Sie stattdessen Ihre positiven Erfahrungen im Rahmen einer Erfolgsspirale weiter.

 2. **Verbessern Sie Ihre sozialen Kompetenzen.**
Sie werden feststellen, dass Sie zu diesem Zweck Ihre Einstellung und Ihr Verhalten neu ausrichten müssen. Dies erfordert die Bereitschaft, über sich und andere, Persönliches und Sachliches, gestern, heute und morgen nachzudenken und zu sprechen. Weit mehr als fachliches Wissen sind kommunikative Fähigkeiten und soziale Kompetenzen für die Regelung eines Konflikts von Bedeutung. Verbessern Sie deshalb Ihre Möglichkeiten, sich zu artikulieren und selbst zu organisieren sowie mit Belastungssituationen umzugehen.

3.   **Suchen Sie sich Verbündete.**
     „Allein machen sie Dich ein." Diese Erfahrung gilt
     auch für den Umgang mit Konflikten. Bauen Sie
     sich darum ein Netzwerk von Unterstützungsmög-
     lichkeiten auf.

     Nehmen Sie die bestehenden Angebote professio-
     neller Hilfe in Anspruch. Sie werden sehen, dass es
     eine Reihe von Fachleuten gibt, die Sie ernst
     nehmen und die Ihnen mit Rat und Tat zur Seite
     stehen.

     Solidarität und Unterstützung erfahren Sie aber
     auch durch Menschen, die bereits Ähnliches erlebt
     haben. Beziehen Sie deshalb die Teilnahme an einer
     Selbsthilfegruppe in Ihre Überlegungen mit ein.

     Nicht zuletzt sollten Sie auch an die Pflege Ihrer
     privaten Beziehungen denken. Bei allem Ärger und
     Stress – vernachlässigen Sie weder Ihre Partner-
     schaft noch Freunde oder Bekannte. Im Gegenteil,
     beratschlagen Sie mit ihnen Ihre weitere Vor-
     gehensweise.

4.   **Entwickeln Sie Handlungsperspektiven.**
     Aus eigener Erfahrung, aber auch aus Gesprächen
     mit Freunden und Kollegen werden Sie wissen, wie
     unterschiedlich Menschen auf Probleme und
     Schwierigkeiten reagieren. Konflikte am Arbeits-
     platz machen dabei keine Ausnahme. Wichtig ist,
     dass Sie deshalb verschiedene Handlungsperspek-

tiven entwickeln und gegeneinander abwägen.
Setzen Sie Prioritäten und suchen Sie den zur
Beilegung Ihres Konflikts aussichtsreichsten Weg.

5. **Bauen Sie eine Beziehung mit dem Konflikt-
gegner auf.**
Schaffen Sie Möglichkeiten, um mit Ihrem Kon-
fliktgegner in Kontakt zu kommen. Bauen Sie eine
Beziehung auf, die ein Gespräch möglich macht.
Nur so erhalten Sie die Gelegenheit, Ihre Pläne und
Überlegungen in praktisches Handeln umzusetzen.

Trennen Sie dabei jedoch emotionale Beziehungs-
von nüchternen Sachproblemen. Eine solche Un-
terscheidung macht es Ihnen leichter, sich auf den
Kern der Auseinandersetzung zu konzentrieren.

6. **Stellen Sie sich auf Ihr Gegenüber ein.**
Der Aufbau einer Beziehung kann nur dann gelingen, wenn Sie sich auf Ihr Gegenüber einstellen.
Da jeder Mensch anders reagiert, sollten Sie in der
Lage sein, auf verschiedene Denkmuster und Einstellungen, Mentalitäten und Verhaltensweisen
einzugehen.

7. **Reden Sie miteinander.**
Um einer Lösung des Konflikts näher zu kommen,
müssen Sie miteinander reden. Beachten Sie dabei
unbedingt die Grundregeln erfolgreicher Kommunikation. Sorgen Sie für eine angenehme Ge-
sprächsatmosphäre und helfen Sie mit, mögliche
Kommunikationsbarrieren abzubauen.

Gelingt es Ihnen, das Gespräch aktiv zu steuern, so besitzen Sie eine ideale Ausgangsposition, um Ihre Interessen durchzusetzen.

8. **Seien Sie kompromissbereit.**
Versuchen Sie nicht, Ihren Konfliktgegner zu dominieren – auch nicht, ihn zum Verlierer zu machen. Entsteht bei Ihrem Gegenüber das Gefühl, an die Wand gedrückt zu werden, so wird die Auseinandersetzung eher an Härte zunehmen. Stellen Sie vielmehr das Problem in den Mittelpunkt der Aufmerksamkeit und versuchen Sie, Ihren Konfliktgegner von einer gemeinsamen Lösung zu überzeugen. Anders ausgedrückt: Wollen Sie die Lösung des Konflikts vorantreiben, so kommen Sie Ihrem Konfliktgegner – auch wenn es Ihnen nicht immer leicht fällt – soweit wie möglich entgegen.

9. **Treffen Sie eine Entscheidung.**
Wenn Sie realistische Lösungsstrategien entwickeln wollen, müssen Sie verschiedene Handlungsalternativen ausarbeiten und gegeneinander abwägen. Holen Sie dafür alle notwendigen Informationen ein. Sprechen Sie mit Menschen, die Ihre Situation einschätzen können. Erst dann treffen Sie eine Entscheidung zur bestmöglichen Vorgehensweise. Entwickeln Sie eine Strategie und planen Sie konkrete Aktivitäten zur Umsetzung der getroffenen Entscheidung.

10. **Schauen Sie mit Zuversicht in die Zukunft.**
Beenden Sie Ihren Konflikt. Sorgen Sie für dessen
Aufarbeitung. Zeigen Sie sich versöhnlich – nur so
finden Sie dauerhaften Frieden. Schauen Sie nach
vorne – und nicht zurück.

Gewinnen Sie Selbstvertrauen

Konflikte sind kaum zu verhindern – wem bleiben schon
schwierige Kollegen oder unfähige Vorgesetzte ein Berufs-
leben lang erspart? Damit Sie möglichen Auseinandersetzungen mit der notwendigen Gelassenheit entgegensehen können, brauchen Sie vor allem ein gesundes Vertrauen in die
eigene Person.

Tun Sie etwas für Ihr Selbstbewusstsein: einerseits, um nicht
in einen Teufelskreis zu geraten, andererseits, um positive
Erfahrungen sammeln und diese im Rahmen einer Erfolgsspirale weiterentwickeln zu können. Das ist leicht gesagt.
Doch es gibt einige Grundsätze, an die Sie sich halten können
und die Sie dabei unterstützen werden, Ihr Selbstbewusstsein
zu festigen.

Vorsicht Teufelskreis!

Vermeiden Sie es, in einen Sog negativer Einstellungen und
Emotionen zu geraten. Sie finden sich unversehens in einem
Teufelskreis wieder, dem Sie sich nicht mehr so leicht entzie-
hen können.

An einem Beispiel werden die Gefahren einer solchen negativen Verstärkung anschaulich. Nehmen wir an, Ihnen steht ein unangenehmes Gespräch mit dem Chef bevor. Sie erwarten, dass Ihre Arbeit kritisiert wird und Ihnen Vorhaltungen gemacht werden. Diesmal aber wollen Sie sich wehren. Sie haben jedoch Angst, die Situation könnte eskalieren.

Ihre Gedanken kreisen um die Frage: „Bin ich stark genug, dieses Gespräch zu führen?" In Wirklichkeit sind Sie unsicher und trauen sich eine andere Meinung mit der daraus entstehenden Kontroverse nicht recht zu. Deshalb geben Sie sich sogleich die ernüchternde Antwort: „Ich schaffe das bestimmt nicht!" Auf diese Weise schüren Sie nicht nur Ihre Ängste. Sie entwickeln zudem ein Gefühl, dieser unangenehmen Situation mehr oder weniger hilflos ausgeliefert zu sein – und empfinden damit wie ein Opfer. Jetzt haben Sie auch kein Vertrauen mehr in die eigene Person. Pessimismus und Selbstzweifel bestimmen Ihr Denken und Handeln – es fehlt Ihnen an Selbstsicherheit und Zuversicht.

Mit der Zeit nimmt Ihr Unwohlsein zu und beeinträchtigt das körperliche Wohlbefinden: Kopf- und Magenschmerzen, Schlafstörungen und Verspannungen werden immer häufiger. Nun bestätigt auch Ihr Körper die anfänglichen Befürchtungen: „Ich bin nicht o. k.!" Der Wunsch, das Gespräch abzusagen, wächst. Sie fühlen sich zu schwach, Ihrem Chef wirklich Paroli zu bieten. Sie wissen schon jetzt: „Er hat die besseren Karten und wird gewinnen." Diese Einstellung bestätigt Ihren Entschluss, sich dem Gespräch nicht zu stellen.

Sind Sie schon öfter in einen solchen Sog negativer Einstellungen und Erfahrungen geraten, besteht die Gefahr, dass Sie diese Form der Abwehrhaltung bereits kultiviert haben. Ohne es zu wollen, haben Sie sich damit in einen Teufelskreis gegenseitiger Abhängigkeiten verstrickt, den Sie unbedingt wieder verlassen sollten.

Wie Sie dem Teufelskreis entkommen

Um einem solchen Teufelskreis zu entkommen, müssen Sie bereit sein Ihre Sichtweise neu auszurichten. Dies aber braucht Zeit: Einstellungs- und Verhaltensänderungen sind nicht von heute auf morgen zu erreichen. Doch Sie wissen: Auch ein langer Marsch beginnt mit einem ersten Schritt.

Der folgende Aktionsplan gibt Ihnen einige Anregungen, was Sie tun sollten, um sich aus einer solchen negativen Verstrickung zu lösen:

Ihre Nerven sind strapaziert genug. Nehmen Sie eine Auszeit. Verlassen Sie das Konfliktfeld. Wenigstens für ein paar Tage.

Aktionsplan: Raus aus dem Teufelskreis
1. Was Sie brauchen ist Ruhe. Ziehen Sie sich zurück. Sorgen Sie für eine entspannte Atmosphäre in angenehmer Umgebung.
2. Schalten Sie ab. Machen Sie Ihren Kopf frei. Vermeiden Sie Ablenkungen und Störungen.
3. Beginnen Sie, das Konfliktgeschehen aufzuarbeiten. Erinnern Sie sich. Ordnen Sie Ihre bisherigen Eindrücke und Erfahrungen. Legen Sie ein Konflikt-Tagebuch an. Versuchen Sie Ihre Gedanken und Gefühle in Worte zu fassen und aufzuschreiben.

4. Analysieren Sie dabei auch Ihr eigenes Verhalten. Benennen Sie Ihre Erfolge und Niederlagen. Finden Sie Ihre Stärken und Schwächen heraus.

5. Überlegen Sie, wie Sie Ihre derzeitige Situation am Arbeitsplatz verändern und verbessern können. Bleiben Sie dabei realistisch. Setzen Sie sich konkrete Ziele – möglichst mit Terminvorgaben.

6. Überstürzen Sie nichts. Gehen Sie Schritt für Schritt vor. Knüpfen Sie dabei an Ihre positiven Erfahrungen an. Bauen Sie Ihre Stärken aus. Schaffen Sie sich eine solide Basis, von der aus Sie neue Wege einschlagen können. So spüren Sie Rückenwind und entwickeln neue Kräfte.

7. Lassen Sie sich helfen. Überlegen Sie, welche Unterstützung Sie benötigen und wie Sie diese erhalten. Suchen Sie sich Verbündete.[7]

Nutzen Sie die Chancen einer Erfolgsspirale

Greifen wir das vorherige Beispiel noch einmal auf. Diesmal, um zu illustrieren, wie Sie Ihr Selbstbewusstsein mit Hilfe positiver Erfolge und gewonnener Zuversicht aufbauen können.

Ihnen ist klar, dass ein unangenehmes Gespräch bevorsteht. Sie sind realistisch genug, um festzustellen: „Das wird bestimmt nicht einfach." Sie lassen sich jedoch nicht aus der Ruhe bringen. Sie wissen, dass sich schon manches schwierige

Gespräch zu einem konstruktiven Dialog entwickelt hat. Natürlich wird es Kritik und Vorwürfe geben, doch auch andere Kollegen haben diese Erfahrung machen müssen.

Da Sie nicht nur Ihre Schwächen, sondern auch Ihre Stärken kennen, machen Sie sich sogleich Mut: „Meine Argumente sind gut. Wenn sich der Chef erst einmal ausgetobt hat, hört er mir bestimmt zu." Sie haben das Gefühl, auch ein so schwieriges Gespräch bewältigen zu können, und verfallen nicht in die Rolle des Opfers. Anhand anderer Erlebnisse können Sie Ihren Chef einschätzen. Sie sind konzentriert bei der Sache und sehen dem Gespräch mit einer gewissen Gelassenheit entgegen. Ihre ruhige und selbstsichere Art wirkt sich positiv auf Ihr Wohlbefinden aus. Auch Ihr Körper bestätigt Ihre positive Sicht der Dinge: „Ich bin o. k.!"

Indem Sie bisherige Erfahrungen und vergleichbare Situationen bewusst heranziehen, um Ihr Selbstvertrauen zu stützen, nutzen Sie die Chancen positiver Verstärkung. Damit verschaffen Sie sich auch bei Ihrem Chef einen souveränen Auftritt. Können Sie weitere positive Erfahrungen dieser Art verbuchen, so werden Sie Mut fassen, um auch mit anderen Konfliktsituationen fertig zu werden.

Verbessern Sie Ihre sozialen Kompetenzen

Konflikte beschreiben in der Regel besonders komplizierte zwischenmenschliche Beziehungen. Diese erfolgreich regeln zu können, setzt neben kommunikativen Fähigkeiten weitere soziale Kompetenzen voraus.

- Ist es Ihnen peinlich, unbequeme Fragen zu stellen oder Kritik zu äußern?

- Versuchen Sie anderen zu gefallen, um ja nicht aufzufallen?

- Ist die Angst vor bestimmten Personen oder Situationen so groß, dass Sie diese meiden?

Wenn Sie diese Fragen mit Ja beantworten, wird Ihr Verhalten möglicherweise von sozialen Ängsten bestimmt, die es Ihnen schwer machen, sich in Streitgesprächen oder anderen Konfliktsituationen zu behaupten. Doch soziale Ängste abzubauen kann man lernen. Nutzen Sie die entsprechenden Möglichkeiten.

Achten Sie darauf, mit den eigenen Kräften sinnvoll umzugehen. Auch das zählt zu den Voraussetzungen eines erfolgreichen Umgangs mit Konflikten. Ihr Wohlbefinden sollte Ihnen am Herzen liegen. Wer tagtäglich an seinem Arbeitsplatz kämpfen muss, braucht Kondition und Kraft. Sorgen Sie deshalb für Phasen der Entspannung und Erholung. Strategien der Arbeitsmethodik und des Zeitmanagements können Ihnen dabei helfen.

Die meisten Einrichtungen der Erwachsenenbildung (z. B. Volkshochschulen), aber auch viele Seminarveranstalter aus dem Bereich der Wirtschaft bieten zur Entwicklung und Förderung sozialer Kompetenzen Führungs- und Verhaltenstrainings an. Scheuen Sie sich nicht, entsprechende Angebote wahrzunehmen!

Machen Sie sich nicht von Ihrer Arbeit abhängig

Wer sein Selbstwertgefühl von der Arbeit abhängig macht, hat ein Problem. Denn dann regiert der berufliche Erfolg oder Misserfolg das Leben und bestimmt die Zufriedenheit. Eine Überidentifikation ist eingetreten.

Konkret bedeutet dies: Wenn Sie mit anderen Menschen in Kontakt treten, tun Sie es nicht als die Person, die Sie wirklich sind, sondern durch den Bezug zu Ihrer Arbeit. Je mehr Sie sich auf Ihre Arbeit ausrichten, desto wahrscheinlicher ist dies. Selbst wenn Sie keine arbeitsbezogenen Themen ins Gespräch bringen, definieren Sie Ihren persönlichen und sozialen Status anderen Leuten gegenüber durch Ihre Arbeit.

Sind Sie weniger stolz auf Ihre berufliche Situation, kann aber auch das Gegenteil passieren. In diesem Fall setzen Sie sich anderen gegenüber herab und sind ängstlich darum bemüht, das Gespräch von arbeitsbezogenen Themen freizuhalten.

Diskussionen über Ihre Arbeitssituation weisen dann für Sie ein hohes Konfliktpotenzial auf. Bestimmt die Arbeit Ihr Leben, werden Sie jede Kritik an Ihrer Tätigkeit als persönlichen Angriff werten – und dementsprechend reagieren. Versuchen Sie deshalb, dieser Entwicklung entgegenzuwirken.

So können Sie einer Überidentifikation gegensteuern

Untersuchen Sie das Ausmaß Ihrer arbeitsbezogenen (Über-) Identifikation. Zu diesem Zweck schreiben Sie auf die Frage: „Wer bin ich?" so viele Antworten wie möglich auf.

_____

_____

_____

_____

_____

Die Anzahl der Antworten ist weniger wichtig als ihr Inhalt. Schauen Sie sich deshalb Ihre Liste einmal genauer an:

- Wie oft kommt Ihre Arbeit darin vor?

- Wie definieren Sie sich? Durch Dinge oder andere Menschen, durch die Vergangenheit oder zukünftige Ziele?

- Wie viel von Ihren persönlichen Ansichten, Eigenschaften und Werten findet Berücksichtigung?

- Ist viel von dem, was Sie sind, eng mit Ihrer Arbeit verbunden? Denken Sie darüber nach. Fragen Sie sich: „Was bedeutet dies für mein Selbstwertgefühl?" Ein bestimmtes Maß an Identifikation mit der Arbeit ist gut, zu viel macht Sie jedoch anfällig für Konflikte.

- Stellen Sie das Gleichgewicht wieder her, indem Sie sich mehr Ihrer Partnerschaft/Familie oder Ihren Freunden widmen. Suchen Sie Ihre Interessen auch außerhalb des Arbeitsplatzes. Finden Sie heraus, was Sie im Leben wirklich wollen!

Suchen Sie sich Verbündete

Konflikte nehmen zuweilen Formen an, bei denen es Ihnen ohne fremde Hilfe schwer fallen wird sich zu behaupten. Suchen Sie sich deshalb Unterstützung.

Nutzen Sie unternehmensinterne Hilfsangebote

Der Auf- und Ausbau betrieblicher Informations- und Beratungsmöglichkeiten hat in den letzten Jahren stetig zugenommen. Nutzen Sie deshalb zunächst die in Ihrem Unternehmen bestehenden Hilfsangebote.

Personalabteilung

Eine der wichtigsten Aufgaben des Personalwesens ist es, für bestmögliche Arbeitsbedingungen zu sorgen. Aus diesem Grund interessieren sich die zuständigen Mitarbeiter auch für Konflikte und deren Auswirkungen auf die sozialen Beziehungen am Arbeitsplatz.

Viele Personalabteilungen bieten deshalb zu diesem Thema Informationen an, die Sie sich ansehen sollten. Kommen Fort- und Weiterbildungsangebote für Sie in Betracht, so machen Sie davon Gebrauch.

Doch Vorsicht: Erhält die Personalabteilung Kenntnis von den Einzelheiten eines konkreten Konflikts, ist sie möglicherweise dazu gezwungen, mit arbeitsrechtlichen Maßnahmen zu reagieren. Überlegen Sie, ob Ihr Problem solche Konsequenzen nach sich ziehen könnte und ob sie gerechtfertigt wären.

Betriebs- und Personalrat

Fühlen Sie sich von Ihrem Betriebs- oder Personalrat vertreten, so profitieren Sie von dessen Kenntnissen. Im Betriebs- oder Personalrat engagierte Kollegen haben in der Regel viel Erfahrung im Umgang mit den verschiedensten Konfliktformen und sie haben Kontakte, die Ihnen weiterhelfen können.

Erwarten Sie jedoch nicht, dass Ihnen die Lösung des Konflikts abgenommen wird. Auch wenn mancher Betriebs- oder Personalrat dazu bereit sein könnte, alle unangenehmen Erfahrungen von Ihnen fern zu halten, lassen Sie sich nicht im Sinne anderer Interessen instrumentalisieren. Vermeiden Sie, dass Ihr Konflikt zum Gegenstand einer bestimmten Interessenpolitik gemacht wird.

Betriebsarzt

Bislang sehen sich nur wenige Betriebsärzte in der Lage, über ihre arbeitsmedizinischen Aufgaben hinaus auch den zwischenmenschlichen Problemen eine angemessene Aufmerksamkeit entgegenzubringen. Ihre Kenntnisse psychosozialer Belastungen und tätigkeitsspezifischer Hintergründe machen Betriebsärzte jedoch auch bei Konflikten zu wichtigen Gesprächspartnern. Der Betriebsarzt kann Ihnen z. B. die vorübergehende Arbeitsunfähigkeit (AU) bescheinigen oder Sie an externe Kollegen (z.B. auch Psychotherapeuten) weiterempfehlen.

Soll ein Betriebsarzt in Ihrem Sinne aktiv werden, müssen Sie ihn von seiner Schweigepflicht entbinden. Überlegen Sie sich diesen Schritt in Abwägung der möglichen positiven und negativen Konsequenzen.

Betrieblicher Sozialdienst

Konkrete Ansprechpartner bei der Suche nach praktischer Hilfe können auch die Mitarbeiter des betrieblichen Sozialdienstes sein. Nicht in allen, aber in zunehmend mehr Unternehmen sind Psychologen sowie Sozialpädagogen und -arbeiter darauf spezialisiert, sich um Fragen der betrieblichen Gesundheitsförderung zu kümmern. Neben psychosozialen Problemen gehört dazu auch das breite Spektrum zwischenmenschlicher Beziehungen.

Die Unterstützung, die Sie erwarten können, lässt sich zumeist nach drei Gesichtspunkten unterscheiden:

- Persönliche Beratung, bei der Sie im Rahmen eines Vier-Augen-Gesprächs Ihre Schwierigkeiten schildern und sich hinsichtlich Ihres weiteren Vorgehens beraten lassen können.

- Intensive Betreuung, bei der Sie im Rahmen einer ausgiebigen – nicht selten auch therapeutischen – Konfliktbearbeitung notwendige Hilfe erfahren.

- Kontinuierliche Begleitung, bei der Ihnen über einen längeren Zeitraum hinweg ein professioneller Helfer zur Seite steht.

Gruppe der Betriebsbeauftragten

In vielen Unternehmen existiert mittlerweile ein gut ausgebautes System von haupt- und ehrenamtlichen Beauftragten. Als sachkundige Mitarbeiter haben sie die Aufgabe, zur Chancengleichheit aller Beschäftigten beizutragen und eine konfliktfreie Zusammenarbeit zu fördern. Auch sie kommen deshalb als mögliche Verbündete in Betracht:

- Ausländerbeauftragte,
- Behindertenbeauftragte,
- Gleichstellungsbeauftragte,
- Mobbingbeauftragte,
- Sicherheitsbeauftragte.

Nutzen Sie unternehmensexterne Hilfsangebote

Haben Sie die Möglichkeiten unternehmensinterner Unterstützung ausgeschöpft – vielleicht aber aus guten Gründen auch gar nicht erst in Anspruch genommen –, so wenden Sie sich den Hilfsangeboten außerhalb Ihres Unternehmens zu. Hierzu zählen:

- Ihr Hausarzt oder ein anderer niedergelassener Arzt Ihres Vertrauens,

- ein Psychologe, insbesondere mit den Schwerpunkten Arbeits-, Betriebs- und Organisationspsychologie oder Klinische Psychologie,

- ein Rechtsanwalt, insbesondere mit dem Schwerpunkt Arbeitsrecht.

Nutzen Sie die Erfahrungen Gleichbetroffener

Der Umgang mit Konflikten am Arbeitsplatz – insbesondere mit Mobbing – hat vielerorts Betroffene zusammengeführt, die Selbsthilfegruppen gegründet haben. Mitglieder dieser Interessengemeinschaften handeln in eigener Sache. Im Rahmen regelmäßiger Treffen lernen sie mit Ihren Schwierigkeiten umzugehen und ihre Arbeits- und Lebenssituation angemessen zu bewältigen. Scheuen Sie sich nicht, das Erfahrungswissen dieser Gruppen zu nutzen.

Adressen lokaler Selbsthilfegruppen erhalten Sie in der Regel über das Gesundheitsamt oder die Krankenkasse. Termine regelmäßiger Treffen werden zudem häufig in der lokalen Presse bekannt gegeben. Beabsichtigen Sie, eine Selbsthilfegruppe zu gründen, so erhalten Sie praktische Hinweise bei der Deutschen Arbeitsgemeinschaft für Selbsthilfegruppen e.V. in Gießen (www.dag-selbsthilfegruppen.de) oder über die Nationale Kontakt- und Informationsstelle zur Anregung und Unterstützung von Selbsthilfegruppen (NAKOS) in Berlin (www.nakos.de).

Pflegen Sie Ihre sozialen Kontakte

Konflikte sorgen für Unausgeglichenheit und Unzufriedenheit. Wer aber will ständig mit einem gereizten Kollegen oder Partner zu tun haben? Bevor Sie darüber zum Einzelgänger und folglich auch Einzelkämpfer werden, sollten Sie den Kontakt zu Freunden und Bekannten pflegen. Ohne einen entsprechenden Kreis vertrauter Menschen wird es Ihnen kaum gelingen, Auseinandersetzungen über einen längeren Zeitraum durchzuhalten.

Widmen Sie deshalb dem Aufbau eines sozialen Netzwerks besondere Aufmerksamkeit. Möglichkeiten dazu gibt es genug:

- Tun Sie etwas für Ihre Partnerschaft.
- Halten Sie Kontakt zu Ihrer Familie.
- Unternehmen Sie etwas mit Ihren Freunden.
- Bauen Sie sich einen Bekanntenkreis auf.
- Pflegen Sie den Smalltalk mit Ihren Nachbarn.
- Investieren Sie etwas Geld für eine gute Kontaktanzeige.
- Engagieren Sie sich im sozialen oder politischen Bereich.
- Schließen Sie sich einem Verein an.
- Besuchen Sie Kultur- und Sportveranstaltungen.
- Nutzen Sie die Angebote der Erwachsenenbildung.
- Betreiben Sie ein Hobby, das Sie mit anderen Menschen zusammenbringt.

Beziehen Sie Ihren Partner, aber auch langjährige Freunde und vertraute Kollegen in wichtige Entscheidungen auf dem Weg zu einer möglichen Konfliktlösung mit ein. So sorgen Sie dafür, dass Sie in der Einschätzung des Konflikts und seiner Folgen realistisch bleiben.

Konflikte konstruktiv lösen

Wer jeden Konflikt „löst", indem er sich auf stur stellt oder Druck ausübt, wird von der nächsten Auseinandersetzung bald eingeholt werden. Mit kommunikativer Kompetenz und Kompromissbereitschaft hingegen kommt man in der Regel weiter.

In diesem Kapitel erfahren Sie wie Sie auf den Konfliktverlauf Einfluss nehmen können, indem Sie

- Handlungsperspektiven entwickeln,
- persönliche Beziehungen aufbauen,
- sich auf Ihr jeweiliges Gegenüber einstellen,
- das Gespräch mit dem Konfliktgegner suchen,
- Kompromisse suchen und Win-win-Situationen anstreben,
- sich mit Bedacht für eine Konfliktlösungsmöglichkeit entscheiden.

Auf Ihr Handeln kommt es an

Auch wenn Sie nun das Rüstzeug dazu haben, mit Auseinandersetzungen besser umgehen zu können – Ihr eigentliches Ziel muss die Lösung des jeweiligen Konflikts sein. Mit gewonnenem Selbstvertrauen und entsprechender Unterstützung sollten Sie sich deshalb dieser Herausforderung stellen.

Gehen Sie dabei schrittweise vor. Versuchen Sie zunächst mit Ihrem Konfliktpartner (wieder) ins Gespräch zu kommen. Bauen Sie eine Beziehung auf, die eine Kommunikation möglich macht. Vergessen Sie dabei nicht, sich auf Ihr Gegenüber einzustellen. Reden Sie miteinander. Seien Sie kompromissbereit und ziehen Sie unter Umständen auch einen unabhängigen Vermittler hinzu. Treffen Sie letztendlich eine Entscheidung, die eine Beendigung des Konflikts möglich macht.

Ob Sie dann mit Zuversicht in die Zukunft schauen können, liegt nicht zuletzt auch an einer abschließenden Nachbereitung des Konflikts. Denken Sie daran: Bevor Sie eine Auseinandersetzung als wirklich abgeschlossen ansehen, sollten Sie die durchlebten Situationen verarbeitet haben.

Angriff oder Flucht

Im Umgang mit Konflikten reagiert jeder Mensch anders. Für die einen gilt ein Problem als Herausforderung, für die anderen als eine Katastrophe. Das Spektrum möglicher Verhaltensweisen ist dementsprechend breit gefächert und reicht vom rücksichtslosen Angriffs- bis hin zum übereilten Fluchtverhalten.

Häufig sind die Reaktionen spontan und führen zu keiner tragfähigen Lösung. Manchmal zielen sie lediglich darauf ab, einseitige Interessen durchzusetzen. In anderen Fällen wiederum dienen sie der vorübergehenden Bewältigung negativer Emotionen und drücken letztlich nur Angst oder Enttäuschung, Verzweiflung oder Wut aus.

Was Sie vermeiden sollten

Auch wenn Sie bequem und weit verbreitet sind: Verhaltensweisen, die bei der Regelung von Auseinandersetzungen auf einen schnellen Erfolg abzielen, sollten Sie kritisch hinterfragen. Nicht selten tragen nämlich entsprechende Patentrezepte dazu bei, das Konfliktgeschehen weiter anzuheizen und eine wirklich konstruktive Lösung zu verhindern.

Bevor Sie die Möglichkeiten eines angemessenen Umgangs mit Konfliktsituationen kennenlernen, sollten Sie sich zunächst mit den problematischen Formen des Konfliktverhaltens auseinandersetzen. Vielleicht kommen Ihnen dabei einige der beschriebenen Einstellungen und Reaktionen durchaus bekannt vor. Ist dies der Fall, so denken Sie darüber nach, ob es zur Beilegung Ihres Konflikts nicht aussichtsreichere Handlungsalternativen gibt. Sollten Sie entsprechende Tendenzen im Verhalten eines Ihrer Kollegen erkennen, so suchen Sie eine Gelegenheit, um ihn vor den Nachteilen eines unangemessenen Umgangs mit Konflikten zu warnen.

Bagatellisieren

Wer Konflikte nicht wirklich zur Kenntnis nehmen will, versucht ihre Bedeutung herunterzuspielen und zu bagatellisieren. „Das kenne ich schon", und andere Aussagen gelten als Rechtfertigung dafür, dass Spannungen im Hinblick auf ihr Ausmaß oder ihre Brisanz verharmlost werden. Ein seriöser Umgang mit möglichen Erklärungs- und Lösungsansätzen erscheint nicht so wichtig oder wird auf einen späteren Zeitpunkt verschoben.

Während das Konfliktgeschehen von der einen Seite bagatellisiert wird, schreitet womöglich die Eskalation der Situation fort. Kommt es dann doch zu einer Konfrontation, ist die Gegenseite bereits bestens vorbereitet.

Ignorieren

Wer glaubt, er könne Konflikten aus dem Wege gehen, wird weder Interessenunterschiede noch Meinungsverschiedenheiten zur Kenntnis nehmen. Das Motto „Was ich nicht weiß, macht mich nicht heiß", scheint eine solche Einstellung zu rechtfertigen. Obwohl das Umfeld eine Eskalation der Situation kommen sieht, wird bewusst versucht, den Konflikt auszusitzen oder zu verdrängen.

Die Zeit heilt manche Wunden, löst aber keine Probleme. Anders ausgedrückt: Nur in wenigen Fällen erledigen sich Konflikte von selbst – der überwiegende Teil aller Auseinandersetzungen nimmt erst durch beherztes Eingreifen Dritter eine positive Wendung.

Instrumentalisieren

Wer an einer Auseinandersetzung beteiligt ist, wird seinen Standpunkt vertreten und versuchen, sich zu behaupten oder durchzusetzen. Darüber hinaus besteht aber auch die Möglichkeit, den Konflikt – unabhängig von möglichen Erfolgsaussichten – im Sinne der eigenen Interessen zu instrumentalisieren.

Die Erkenntnis „Wenn Zwei sich streiten, freut sich der Dritte", scheint manche Unbeteiligte zu verführen, aus einem Konflikt Vorteile für die eigene Person zu ziehen. Dies kann so weit gehen, dass Spannungen – in der Hoffnung auf die Niederlage eines konfliktbeteiligten Konkurrenten – noch weiter angeheizt werden.

Soll ein Konflikt in dieser Weise instrumentalisiert werden, wird die Konfliktpartei unterstützt, die voraussichtlich als Sieger hervorgeht, und nicht etwa die, auf deren Seite man inhaltlich stünde. Wer als unbeteiligter Kollege plötzlich lautstark zugunsten eines potenziellen Konfliktgewinners Partei ergreift, erweckt nicht ganz grundlos den Eindruck, dessen Erfolgschancen zum eigenen Vorteil nutzen zu wollen.

Wer Konflikte in dieser Weise nutzt, muss damit rechnen, in Zukunft selber zum Spielball anderer Interessen zu werden.

Rationalisieren

Wer einen Konflikt bis ins letzte Detail erklären möchte, versucht dem Problem vor allem durch Kopfarbeit näher zu kommen. Die Analyse des Konfliktgeschehens beschränkt sich zumeist auf vernunftbezogene Aspekte. Gefühle – nicht immer einzuschätzen und nur schwer zu beeinflussen – werden lediglich als unwägbare Begleiterscheinungen zur Kenntnis genommen. Derart sachlich und nüchtern reagiert, wer Emotionen sowie soziale Einflüsse weitestgehend ausblendet.

Eine solch verkürzte Sichtweise führt dazu, dass egoistische und irrationale Motive als wichtige Triebfedern zwischenmenschlicher Auseinandersetzungen verborgen bleiben. Gerade aber in Sympathien und Antipathien, in der ·Angst vor Unbekanntem oder auch in verletzten Eitelkeiten liegen wichtige Ansatzpunkte zur Klärung von Konflikten.

Regredieren

Wer seine Möglichkeiten zur Lösung eines Konflikts weitestgehend ausgeschöpft hat, der greift zu guter Letzt auf Verhaltensweisen zurück, die er als Kind schon erfolgreich eingesetzt hat.

Trotzig sein wie ein Kind – diese Reaktion spielt durchaus auch bei Konflikten zwischen berufstätigen Erwachsenen eine Rolle. So etwa das lautstarke Auftreten des Vorgesetzten als kämpferischer Junge oder das Weinen der Sekretärin als kindliche Reaktion der Frau. Auch das erboste Türenschlagen nach einer Diskussion entspricht oft eher der Reaktion kindlicher Hilfsigkeit als der einer erwachsenen Persönlichkeit.

Wer als Erwachsener bei einer Auseinandersetzung mit Kollegen kindliche Verhaltensmuster aktiviert, darf sich nicht wundern, wenn er sich nicht durchsetzen kann. Wer alleine mit Lautstärke oder auf dem Weg des Mitleids einen Konflikt am Arbeitsplatz lösen möchte, hat die Brisanz vieler Intrigen und Machtkämpfe nicht wirklich erkannt.

Resignieren

Wer darauf verzichtet, auf das Konfliktgeschehen einzuwirken, fühlt sich hilflos und unterlegen. Während der Klügere nach-, aber nicht aufgibt, zeigen Mitarbeiter durch eine resignative Haltung, dass sie die Konfliktsituation als aussichtslos einschätzen. Die Chance, sich zu behaupten, wird als so gering eingestuft, dass sich Einsatz und Mühe gar nicht erst lohnen. Wer so denkt, hat nicht nur in der Sache, sondern auch im Ansehen verloren.

In manchen Fällen kann ein solcher Rückzug jedoch zu problematischen Nebenfolgen führen. Dann nämlich, wenn eine Flucht in Alkohol oder Arbeit helfen soll, die als Schmach empfundene Niederlage zu ertragen. Durch Resignation wird kein Konflikt aus der Welt geschafft – es wird ihm nur für eine bestimmte Zeit ausgewichen. Schlimmer noch: Schon bald kann ein resignierter Rückzug in die soziale Isolation führen und damit ein neues Konfliktfeld eröffnen.

Tolerieren

Wer darauf verzichtet, bei einem strittigen Thema Stellung zu beziehen und eigene Interessen einzubringen, toleriert eine andere Sicht- oder Vorgehensweise. Wenn Sie für konträre Auffassungen und Positionen in übergroßem Maße Verständnis zeigen, kann aus bloßer Toleranz durchaus auch eine ungewollte Akzeptanz werden.

Doch Vorsicht: Dieser Umgang mit Konflikten mag vordergründig positiv erscheinen. Wer jedoch konfliktscheu ist und sich selbst ständig zurücknimmt, verliert die eigenen Ziele aus den Augen. Ohne es zu wollen, signalisiert man, dass man nicht zuständig oder eben unfähig ist – über kurz oder lang wird man mit dieser Haltung zum Verlierer.

Was Sie tun können

Damit Sie Konfliktsituationen erfolgreich meistern können, sollten Sie Ihr gesamtes Verhaltensrepertoire nutzen. Im Folgenden finden Sie einige Möglichkeiten, wie Sie angemessen mit Konflikten umgehen können.

Legen Sie das Problem offen

Thematisieren Sie das Problem – auch dann, wenn dies für alle Beteiligten mit schmerzlichen Erfahrungen verbunden ist. Indem Sie Ihr Gegenüber vorbehaltlos mit den Ursachen des Konflikts oder auch Ihren Gefühlen konfrontieren, machen Sie deutlich, dass Sie an einer ernsthaften Konfliktlösung interessiert sind.

Doch Vorsicht: So sinnvoll es nüchtern betrachtet auch sein mag, Probleme und ihre Ursachen ehrlich zu thematisieren – Sie können damit leicht auch jemanden verletzen. Denken Sie deshalb auch darüber nach, wie Sie das Problem auf den Tisch bringen, ohne jemanden zu kränken.

Setzen Sie sich durch

Sorgen Sie mit Nachdruck dafür, dass Ihr Standpunkt die gewünschte Akzeptanz findet. Ihre Erfahrung, Position und Ihr Wissen werden Ihnen dabei helfen.

Doch Vorsicht: Nicht selten kommt eine Konfliktregelung, die auf Druck oder durch Machteinfluss erreicht wurde, einem Pyrrhussieg gleich und auch ein Erfolg wird Sie kaum voranbringen.

Ändern Sie das Thema des Konflikts

Ändern Sie das dem Konflikt zugrunde liegende Thema. Definieren Sie ein anderes und damit neues Problem. So überraschen Sie Ihr Gegenüber und nehmen ihm das zentrale Angriffsziel – seine Argumente verlieren an Überzeugungskraft und er wird gezwungen, seine Vorgehensweise neu auszurichten.

Während etwa Ihr Vorgesetzter die Einsatzbereitschaft moniert, weisen Sie – ruhig, aber immer wieder – auf die fehlende Kooperationsbereitschaft in der Abteilung hin. Gelingt es Ihnen, sich auf diese Weise Gehör zu verschaffen, können Sie von einer auf Ihre Person bezogenen Kritik zu einer konstruktiven Auseinandersetzung über die bisherigen Formen der Zusammenarbeit überleiten – und Sie haben gewonnen.

Betonen Sie gemeinsame Interessen

Spielen Sie bestehende oder mögliche Differenzen herunter. Betonen Sie vergleichbare Erfahrungen und appellieren Sie an gemeinsame Interessen. Machen Sie deutlich, wie sehr Sie bemüht sind, Ihre Vorstellungen mit denen Ihres Gegenübers in Einklang zu bringen. So können Sie die Wogen glätten und auf einen Kompromiss hinwirken.

Achten Sie freilich darauf: Ihre Position in dieser Auseinandersetzung bleibt davon (zunächst) unberührt, auch wenn Sie Gemeinsamkeiten betonen.

Erwecken Sie den Eindruck, es gäbe Alternativen

Hören Sie ruhig zu und zeigen Sie durch gezielte Fragen (z. B. „Weshalb sind Sie eigentlich der Meinung, dass ...") Ihr besonderes Interesse. Erwecken Sie den Eindruck, Ihnen würden verschiedene Handlungsalternativen zur Verfügung stehen. Auch wenn dies nicht zutrifft – bei Ihrem Gegenüber sorgen Sie mit Sicherheit für ein Überdenken der eigenen Position.

Bringen Sie mögliche Verbündete ins Spiel

Berufen Sie sich darauf, dass Ihr Standpunkt nicht alleine von Ihnen, sondern in weit stärkerem Maße durch bestehende Abhängigkeiten bestimmt wird. Damit bringen Sie mögliche Verbündete ins Spiel. Können Sie bei Ihrem Gegenüber dadurch den Eindruck erwecken, Sie seien in ein Netzwerk gegenseitiger Verpflichtungen eingebunden, so wird es ihm nicht mehr so leicht fallen, Sie persönlich anzugreifen.

Treten Sie den Rückzug an

Um nicht in weitere Streitereien verwickelt zu werden, verlassen Sie das Konfliktfeld. Folgen Sie dem Motto „Der Klügere gibt nach", und treten Sie langsam den Rückzug an.

Doch Vorsicht: Vermeiden Sie ein Fluchtverhalten – dieses zeugt eher von Schwäche und Unsicherheit. Ziehen Sie sich deshalb nur schrittweise zurück.

Bauen Sie eine persönliche Beziehung auf

Nicht selten wären Konflikte zu lösen, wenn die Beteiligten sich aufeinander einlassen würden. Ihr Verhältnis wird häufig von unterschiedlichen – nicht selten auch gegensätzlichen – Erwartungen und Wertvorstellungen bestimmt. Um dieses Konfliktpotenzial erfolgreich abbauen zu können, ist eine persönliche Beziehung zwischen den Konfliktparteien unerlässlich.

Bleiben Sie in Kontakt

Auch wenn Sie über Ihre Kollegen oder Vorgesetzten noch so enttäuscht oder verärgert sind, versuchen Sie, den bestehenden Kontakt nicht abreißen zu lassen. Dem Ziel, bei Ihrem Gegenüber Gehör zu finden, kommen Sie nur dann näher, wenn Sie in Kontakt bleiben.

Ziehen Sie sich zurück oder brechen gar die Beziehung ab, so sind Sie zu einer fast vollständigen Handlungsunfähigkeit verurteilt: Sie können dann weder einer weiteren Eskalation des Konflikts entgegenwirken noch etwas für eine mögliche Lösung tun.

Sollten Sie nur noch schriftlich miteinander kommunizieren,
so nehmen Sie den persönlichen Kontakt wieder auf. „Wir
haben uns nichts mehr zu sagen" und andere Ausflüchte
zählen nicht – selbst nach erbittert geführten Kriegen erfolgen Friedensverhandlungen von Angesicht zu Angesicht.

Lassen Sie sich nicht täuschen

Landläufig werden gute Beziehungen mit Harmonie und
Übereinstimmung gleichgesetzt. Doch selbst wenn man sich
in allen Fragen einig ist, eine Garantie für ein konfliktfreies
Miteinander ist das noch nicht. Seien Sie skeptisch, wenn
jemand behauptet, es gäbe keine Differenzen. Häufig ist das
Gegenteil der Fall: Um einen guten Eindruck zu erwecken,
werden Meinungsverschiedenheiten nicht zur Kenntnis genommen und Unstimmigkeiten ignoriert.

Bringen Sie Vernunft und Emotion ins Gleichgewicht

Wenn Sie einen Konflikt beeinflussen wollen, müssen Sie sich
darum bemühen, Ihr Gegenüber zu akzeptieren und seine
Sichtweise zu verstehen. Versuchen Sie, Vernunft und Emotionen ins Gleichgewicht zu bringen, Sach- und Beziehungs-
aspekte auseinanderzuhalten. Nehmen Sie deshalb die folgenden Hinweise ernst:

- Ein Zuviel an Emotionen kann Ihr Urteilsvermögen beein-
  trächtigen.

- Ein Mangel an Emotionen kann Ihre Motivation und das
  gegenseitige Verständnis verringern.

- Lernen Sie, Emotionen – die eigenen wie die der anderen – zu erkennen.
- Stellen Sie sich auf Emotionen – die eigenen wie die der anderen – ein.
- Reagieren Sie nicht gleich emotional; behalten Sie einen klaren Kopf.

Seien Sie vertrauenswürdig

- Gibt es Gründe, dass man Ihnen misstrauen könnte? Wenn ja, ändern Sie Ihr Verhalten und werden Sie vertrauenswürdiger!
- Täuschen sich die anderen Konfliktbeteiligten in Bezug auf Ihre Vertrauenswürdigkeit? Wenn ja, bieten Sie Ihnen die Möglichkeit, Ihr Verhalten als vertrauenswürdig wahrzunehmen!
- Fordern Sie bei den anderen Konfliktbeteiligten Misstrauen heraus? Wenn ja, helfen Sie ihnen Vertrauen zu gewinnen!
- Sind Sie persönlich enttäuscht? Wenn ja, gründen Sie Ihre Meinung nicht auf einem moralischen Urteil, sondern auf einer nüchternen Situationsanalyse!

Die folgende Übersicht stellt destruktive und konstruktive Verhaltensweisen zusammenfassend gegenüber.

Strategien der Konflikthandhabung

Sie üben Druck aus.	besser ist ➡	Sie versuchen zu überzeugen.
Sie greifen den anderen persönlich an.	besser ist ➡	Sie stellen das Problem in den Mittelpunkt.
Sie versuchen, selbst zu gewinnen, und den anderen zu vernichten.	besser ist ➡	Sie suchen einen gemeinsamen Weg zur Lösung des Problems.
Sie legen sich bei Ihrer Meinungs-/Urteilsbildung zu früh fest.	besser ist ➡	Sie sind für Argumente, die Sie überzeugen, auch weiterhin offen.
Sie sind auf bestimmte Positionen festgelegt.	besser ist ➡	Sie bekunden auch für andere Sichtweisen Interesse.
Es gibt für Sie nur ein Entweder-Oder, die Möglichkeiten sind damit begrenzt.	besser ist ➡	Es gibt für Sie Mehr-oder-Weniger, also eine breite Palette von Möglichkeiten.
Sie versuchen, den Willen des anderen zu brechen.	besser ist ➡	Sie versuchen, den anderen mit Sachargumenten zu überzeugen.
Sie setzen den anderen unter Druck (z.B. Zeitdruck) und lassen ihm keine Rückzugsmöglichkeit.	besser ist ➡	Sie kommen dem anderen entgegen, so dass er ohne Gesichtsverlust seine Position verändern kann.

Verzichten Sie darauf, Druck auszuüben

Druck ist für eine konfliktfreie Beziehung niemals zuträglich. Je mehr Sie Ihren Konfliktgegner unter Druck setzen, umso unwahrscheinlicher wird eine für alle Seiten befriedigende Lösung. Druck kann kurzfristig vielleicht zu gewünschten Ergebnissen führen, auf mittlere Sicht wird das Interesse an einer gemeinsamen Lösung jedoch abnehmen.

Stellen Sie sich auf Ihr Gegenüber ein

Konflikte entzünden sich immer auch an der Persönlichkeit und den Eigenheiten einzelner Menschen. Kollegen und Mitarbeiter, aber auch Vorgesetzte richtig einschätzen zu können, gibt deshalb am Arbeitsplatz ein Gefühl von Sicherheit.

Für den Umgang mit den meisten Menschen reicht in der Regel etwas Beobachtungsgabe und Menschenkenntnis aus. Ihr besonderes Einfühlungsvermögen sollte allerdings den Chefs und Kollegen gelten, von denen Sie annehmen müssen, dass sie in konfliktträchtigen Situationen zu Ihrem Gegenüber werden.

Lernen Sie Persönlichkeiten unterschiedlicher Ausprägung kennen

Wer die verschiedenen Persönlichkeitstypen kennt, wird sich im Umgang mit seinen Mitmenschen leichter tun, denn er kann sich auf mögliche Eigenheiten unliebsamer Zeitgenossen besser einstellen.

Eines sollten Sie dabei freilich nie vergessen: Jeder Mensch ist einzigartig. Rechnen Sie also nicht damit, dass Ihnen die folgenden Persönlichkeitstypen in reinster Form begegnen. Jedes Verhalten orientiert sich an konkreten Anlässen und bestimmten Situationen, kann sich also jederzeit verändern. Kategorisierungen von Persönlichkeiten erwecken oft den Eindruck, Verhalten sei eine unabänderbare Größe. Dies ist jedoch ein Trugschluss: Die meisten Menschen – also auch Ihr Chef und Ihre Kollegen – reagieren keineswegs immer einsichtig und folgerichtig. Häufiger als dies entsprechende Typologien glauben machen, lassen auch Sie sich von Stimmungen und den Einflüssen der Umgebung leiten.

Die folgenden vier Persönlichkeitstypen sollten Sie kennen, damit Sie sich auf die jeweiligen Eigenarten einstellen können:

- der Selbstdarsteller,
- der Perfektionist,
- der Unnahbare,
- der Harmoniesüchtige.

Der Selbstdarsteller

Der Selbstdarsteller ist in erster Linie handlungs- und sachorientiert. Er scheut sich nicht, im Mittelpunkt der Aufmerksamkeit zu stehen – im Gegenteil, er tut fast alles dafür, Beachtung zu finden.

Der Selbstdarsteller schlüpft – eher unbewusst, als wohlüberlegt – zu diesem Zweck in verschiedene Rollen. Als Choleriker etwa schüchtert er seine Mitmenschen durch Temperaments-ausbrüche und Tobsuchtsanfälle ein. Der Blender wiederum versucht Kollegen und Vorgesetzte effektvoll zu beeindrucken, um so über seine Inkompetenz hinwegzutäuschen; dabei ist ihm nahezu jedes Mittel recht. Insbesondere in Führungs-etagen ist außerdem der Feldherr zu Hause: Sein Führungsstil ist autoritär und steht zunehmend häufiger im Widerspruch zu einer zeitgemäßen Mitarbeitermotivation. Alle diese Rollen sollen beeindrucken und die eigenen Interessen durchsetzen.

Der Selbstdarsteller ist direkt und energisch, entschlossen und selbstbewusst. Er sieht sich als Macher und geht deshalb keinem Konflikt aus dem Weg. Im Gegenteil: Ist das Risiko kalkulierbar, scheut er sich nicht, die Initiative zu ergreifen und die Auseinandersetzung zu suchen. Der Selbstdarsteller ist ungeduldig. Bedenken und Einwände, langatmige Ausfüh-rungen und detaillierte Erklärungen bremsen seinen Elan und zwingen ihn zum Handeln. Persönliche Angriffe verletzen den Selbstdarsteller und steigern eher das Konfliktpotenzial.

Was Sie tun können

Wer sich Selbstdarstellern bei der Suche nach Anerkennung in den Weg stellt oder ihnen den Erfolg streitig macht, zählt schnell zu ihren Feinden. Vermeiden Sie in diese Rolle zu geraten: Die Tatsache, dass er an Auseinandersetzungen ge-wöhnt und schnell bereit ist, auf Fairness und Rücksicht-nahme zu verzichten, macht ihn zu einem wenig kompromiss-bereiten Gegner.

Der Perfektionist

Der Perfektionist gehört zu den weniger emotionalen Menschen. Er ist nüchtern und sachlich, eher phantasielos und zurückhaltend. Er versucht den Dingen auf den Grund zu gehen, nimmt es dabei jedoch manchmal etwas zu genau. Der Perfektionist ist mitunter etwas stur und scheut zumeist das Risiko. Dies führt dazu, dass er gerne auf seiner Sicht der Dinge beharrt und sich gegenüber Veränderungen ablehnend verhält.

Um Entscheidungen zu treffen, braucht der Perfektionist neben unzähligen Informationen auch die notwendige Zeit zur genauen Analyse. Aus Angst vor nicht kalkulierbaren Folgen zieht er es vor, Entscheidungen auszuweichen. Damit wird er zum Aussitzer. In manchen Fällen erscheint der Perfektionist auch in der Rolle des detailverliebten Pedanten. Dessen Genauigkeit und Kontrollsucht stehen oft im Gegensatz zur Kreativität und Spontanität innovativer Kollegen. Nicht selten entpuppt er sich auch als Besserwisser. Immun gegenüber Ratschlägen ist er der Meinung, als Einziger Bescheid zu wissen. Unbeirrt hält er an seiner Sicht der Dinge fest und erwartet, dass die von ihm gemachten Vorschläge umgesetzt werden.

Der Perfektionist versteht sich als Experte. Er braucht Orientierungspunkte und liebt deshalb auch klare Regeln. Sein besonderes Sicherheitsbedürfnis lässt ihn schnell zum Kontrolleur werden. Er interessiert sich für jedes Detail und erkundigt sich ständig nach dem neuesten Stand der Dinge. Der Perfektionist ist zugleich Analytiker und schenkt logischen

Argumenten in der Regel mehr Aufmerksamkeit als emotionalen Stimmungen.

Was Sie tun können

Für den Berufsalltag wie auch den konkreten Konfliktfall gilt: Seien Sie stets gut vorbereitet, wenn Sie auf einen Perfektionisten treffen. Er scheut sich nämlich nicht, Organisationsdefizite und Wissenslücken aufzudecken und die dafür Verantwortlichen auch zu benennen. Der Perfektionist fühlt sich wohl, wenn er sich auf einer sachlichen Ebene bewegen kann – und dabei Recht behält. Versuchen Sie nicht, ihn zu belehren, er ist in der Regel bestens informiert. Auch plötzliche Gedankensprünge oder spontane Entscheidungen sollten Sie möglichst unterlassen: Überraschungen kommen für den Perfektionisten einer Bedrohung gleich und schaffen nur zusätzliches Konfliktpotenzial.

Der Unnahbare

Der Unnahbare zählt zu den Menschen, die soziale Nähe meiden. Er zeigt nur wenig Emotionen und wirkt eher etwas kühl, manchmal auch arrogant. Seine distanzierte Art vermittelt schnell den Eindruck einer strategisch handelnden Person – auch wenn dies nur selten der Fall ist. Als Einzelgänger bleibt er gerne im Hintergrund. Gerät er unter Druck, zieht er sich häufig ganz zurück. Dies macht es schwer, ihn in Arbeitsgruppen und Projektteams zu integrieren. Ist er Vorgesetzter, so geht eine Zusammenarbeit kaum ohne Konflikte ab. Vor allem Informationslücken lassen eine reibungslose Kommunikation mit einem derart distanzierten Chef eher zur Ausnahme werden.

Der Unnahbare ist nur schwer einzuschätzen: „Stille Wasser sind tief", diese Erkenntnis gilt gerade auch für ihn. Hüten Sie sich deshalb davor, ein vorschnelles Urteil über ihn zu fällen. Die Gefahr, den Unnahbaren zu unter- oder zu überschätzen ist groß. Das Wissen darum gibt dem Unnahbaren eine gewisse Stärke.

Was Sie tun können

Versuchen Sie nicht, den Unnahbaren zu bedrängen. Kommen Sie ihm zu nahe, reagiert er ausgesprochen ungehalten. Akzeptieren Sie deshalb sein Revier. Schaffen Sie Möglichkeiten, um spontan und ungeplant mit ihm kommunizieren zu können. Lassen Sie ihn aber darüber entscheiden, wann er auf Sie zukommt, und vertrauen Sie darauf, dass er dies auch tut.

Der Harmoniesüchtige

Der Harmoniesüchtige zeigt sich als besonders emotionaler Mensch. Er ist kommunikativ und mitteilsam, kann aber auch zuhören. Stärker als andere ist er von der Atmosphäre und den Stimmungen am Arbeitsplatz abhängig. Auseinandersetzungen geht er aus dem Weg. Sein Harmoniebedürfnis begründet das starke Bemühen um ein gutes Verhältnis zu Kollegen und Vorgesetzten. Dabei macht ihn seine entgegenkommende und geduldige Art zu einem umgänglichen Mitmenschen. Für eine harmonische Beziehung ist er auch bereit, die eigenen Ziele zu opfern.

Doch dem Harmoniesüchtigen geht es nur selten um die Sache, wichtiger sind ihm dagegen gute Arbeitsbeziehungen und ein angenehmes Betriebsklima. Probleme werden dabei schon mal unter den Teppich gekehrt.

Nur in einer vertrauten Umgebung und im Kreis seiner Kollegen findet er die notwendige Geborgenheit. Cliquenbildung und Kumpanei sind ihm darum auch nicht fremd. Bekommt er keine emotionale Zuwendung, wird er unausstehlich. Sein starkes Sicherheitsbedürfnis verhindert, dass er sich neuen und unbekannten Dingen gegenüber öffnet. Veränderungen, die seine Gewohnheiten und das Verhältnis zu seinen Kollegen betreffen, lehnt er ab. Werden sie dennoch notwendig, so sind Konflikte kaum zu vermeiden.

Was Sie tun können

Jeder Versuch, Meinungsverschiedenheiten anzusprechen und im sachlichen Gespräch zu klären, stößt beim Harmoniesüchtigen an Grenzen. Vertrauen gewinnt er nur dann, wenn Sie ihn auf der emotionalen Schiene ansprechen. Eine schrittweise Annäherung an Problemsituationen und leicht nachvollziehbare Lösungswege haben in der Regel die größten Erfolgsaussichten.

Reden Sie miteinander

Kommunikation ist das Lebenselixier sozialer Beziehungen und damit die beste Möglichkeit, auf den Konfliktverlauf Einfluss zu nehmen. Versuchen Sie deshalb (wieder) miteinander ins Gespräch zu kommen.

Die Grundregeln erfolgreicher Kommunikation

Sollen Gespräche zu einem Abbau von Spannungen führen, so müssen Sie den Verständigungsprozess fördern. Tragen Sie deshalb dazu bei, mögliche Kommunikationsbarrieren zu überwinden. Orientieren Sie sich an den folgenden sieben Grundregeln erfolgreicher Kommunikation.

1 „Gedacht" bedeutet nicht „gesagt"

Ihre Gedanken und Hoffnungen, Sorgen und Zweifel kann niemand erahnen oder Ihnen von der Stirn ablesen.

Beispiel:

 Angesichts seiner angeschlagenen Gesundheit hofft Herr Meier auf etwas mehr Rücksichtnahme seines rauchenden Kollegen. „Er weiß doch genau, wie sehr mich dieser Qualm stört", denkt er und beschwert sich. Sein Kollege hingegen ist sich der Belästigung überhaupt nicht bewusst, hat Herr Meier – um keinen Ärger heraufzubeschwören – doch bislang geschwiegen. Gedacht ist eben nicht gesagt.

Überlegen Sie also, was Sie Ihrem Gegenüber mitteilen wollen, dann aber sprechen Sie aus, was Sie denken und empfinden. Erst wenn Sie Ihre Gedanken und Gefühle transparent machen, kann sich Ihr Gegenüber auf Sie einstellen. Auch von Ihrem Konfliktgegner können Sie dann erwarten, dass er sich von seiner menschlichen Seite zeigt. Selbst auf die Gefahr hin, dass Sie eine größere Angriffsfläche bieten – indem Sie Ihr Gegenüber veranlassen, sich auf Ihre Äußerungen einzustellen und entsprechend zu reagieren, liegen die Vorteile letztlich in Ihrer Hand.

2 „Gesagt" bedeutet nicht „gehört"

Im Beisein anderer Kollegen oder unter Zeitdruck finden Sie kaum eine Chance, wirkliche Aufmerksamkeit zu erhalten und sich Gehör zu verschaffen.

Beispiel:

Als Herr Karl seinen Kollegen auf das Gerücht über eine bevorstehende Umstrukturierung der Firma anspricht, ist dieser schon auf dem Weg ins Wochenende. „Sie haben mir am Freitag davon erzählt", entschuldigt er sich zu Beginn der neuen Woche, „aber ich habe gar nicht so richtig hingehört – meine Frau wollte mich doch abholen und ich war sowieso schon spät dran." Gesagt bedeutet eben noch lange nicht gehört.

Wählen Sie also die Gelegenheit für ein Gespräch mit Bedacht; insbesondere dann, wenn es um die Klärung von Missverständnissen oder Problemen geht. Situation und Zeitpunkt eines Gesprächs haben entscheidenden Anteil daran, ob das vorgebrachte Anliegen überhaupt zur Kenntnis genommen wird.

3 „Gehört" bedeutet nicht „verstanden"

Selbst wenn Ihre Botschaft zu hören ist, wird sie nicht immer verstanden.

Beispiel:

 Die Werbeabteilung einer kleinen Firma soll immer mehr Werbeprodukte selbst herstellen. Das Know-how dazu ist zwar da, aber es fehlt an technischer Ausrüstung. Die Mitarbeiter versuchen ihrem Abteilungsleiter, der technisch nicht sehr versiert ist, zu erklären, warum neue leistungsfähigere Computer notwendig sind, um die erwarteten Arbeiten auch professionell ausführen zu können. Seine Antwort: „Na, Sie können ja auch mal ein paar Überstunden machen." Gehört bedeutet eben nicht unbedingt verstanden.

Versuchen Sie nicht, durch Expertensprache und Fachausdrücke zu beeindrucken. Orientieren Sie sich an der Bereitschaft und den Möglichkeiten, die Ihr Gesprächspartner hat, um Ihre Aussagen inhaltlich nachvollziehen zu können. Denken Sie daran, dass nicht jeder so engagiert bei der Sache ist wie Sie. Geben Sie Ihrem Gegenüber die Gelegenheit nachzufragen. Scheuen Sie sich nicht, Wichtiges zusammenzufassen und noch einmal zu wiederholen.

4 „Verstanden" bedeutet nicht „einverstanden"

Auch wenn Ihre Aussage verstanden wird – Ihr Gegenüber kann durchaus anderer Meinung sein.

Beispiel:

 „Wenn Kunden die Verkaufsräume betreten und womöglich warten müssen, beenden Sie bitte umgehend Ihr Telefongespräch", erläutert Herr Pfeffer seinen zwei Auszubildenden die Regeln einer verbesserten Kundenorientierung. „Ja, wird gemacht", bestätigen die beiden Lehrlinge. Insgeheim aber hoffen sie, bei künftigen Telefonaten nicht gleich erwischt zu werden. Verstanden bedeutet nämlich keineswegs immer auch einverstanden.

Verzichten Sie darauf Druck auszuüben – versuchen Sie zu überzeugen. Belegen Sie Ihre Argumente mit Zahlen, Daten und Fakten. Seien Sie glaubwürdig und konsequent. Unterstreichen Sie Ihre Position durch Auftreten und Verhalten. Fragen Sie Ihr Gegenüber direkt und auf den Punkt gebracht, ob Sie von seiner Zustimmung ausgehen können.

5 „Einverstanden" bedeutet nicht „behalten"

Eine spontane Zustimmung kann im Alltagsstress des nächsten Tages schon wieder vergessen sein.

Beispiel:

Frau Reiter ist im Stress. Sie hat so viel zu tun, dass sie gar nicht bemerkt, wie oft sie zur Zigarette greift. „Haben Sie unsere Vereinbarung zum Rauchen im Büro denn ganz vergessen?", faucht eine Kollegin sie an. Einverstanden bedeutet nicht automatisch auch behalten.

Klären Sie, ob sich Ihr Gegenüber auch noch ein paar Tage später an die getroffene Vereinbarung erinnert und ihr noch immer zustimmt. Sollte es sinnvoll sein, so halten Sie die mündlich geäußerte Zustimmung mit Einverständnis Ihres Gegenübers schriftlich fest.

6 „Behalten" bedeutet nicht „angewendet"

Nicht jede Absichtserklärung führt zu einer konkreten Umsetzung.

Beispiel:

> Ein Kunde beschwert sich. Der neue Mitarbeiter weiß genau, dass es das Beste ist dem Kunden entgegenzukommen. Zugleich wird ihm bewusst, dass er das Reklamationsgespräch im Beisein seiner Kollegen führen muss. „Was mache ich nur, wenn dieser schwierige Kunde noch aggressiver wird und die Situation eskaliert?" Die Angst vor einem Streitgespräch und einer möglichen Blamage hält ihn davon ab sein Wissen in praktisches Handeln umzusetzen. Das Wissen, was zu tun ist, in einer konkreten Situation auch anzuwenden, ist oft schwieriger als man denkt.

Sorgen Sie bei der Lösung eines Konflikts nicht nur für gemeinsame Regelungen, sondern auch für deren Umsetzung – und überprüfen Sie diese. Bedenken Sie mögliche Vorbehalte und Widerstände. Helfen Sie diese zu überwinden.

7 „Angewendet" bedeutet nicht „verändert"

Die Umsetzung einer konkreten Vereinbarung muss nicht dazu führen, dass sich das Konfliktpotenzial dauerhaft verändert.

Beispiel:

> Frau Trojan fühlt sich überfordert. Immer wieder werden ihr Arbeiten angetragen, für die sie sich gar nicht qualifiziert fühlt: Berechnungen und Kostenkalkulationen waren nie ihre Stärke. Um möglichem Ärger aus dem Weg zu gehen, lehnt sie diesmal die Arbeit ab. Ob sie jedoch auch in Zukunft Nein sagen wird und bereit ist, einen Konflikt einzugehen, weiß sie nicht. Eine einmalige Aktion garantiert eben noch keine dauerhafte Veränderung.

Erinnern Sie Ihr Gegenüber in bestimmten Zeitabständen an die getroffene Vereinbarung. Treten Sie dabei nicht als Lehrmeister auf und vermeiden Sie den erhobenen Zeigefinger. Besser kommt es an, wenn Sie die zur Einhaltung der gemeinsamen Regeln gemachten Anstrengungen Ihres Gegenübers durch besondere Aufmerksamkeit und Anerkennung positiv verstärken.

Auf Ihren Kommunikationsstil kommt es an

Überlegen Sie, ob ein persönlicher Umgangston hilft, das Gespräch aufzulockern. Es kann sehr abschreckend auf Ihren Gesprächspartner wirken, wenn Sie allzu formal nur auf Vorschriften verweisen. Klären Sie, ob in Ihrer Situation eine informelle und lockere Form des Gesprächs nicht erfolgversprechender sein kann.

Steuern Sie das Gespräch

Wer ein Gespräch lenkt, bestimmt mehr oder weniger auch seinen Inhalt und Verlauf. Seien Sie darum aktiv und geben Sie die Themen vor. So können Sie Schwerpunkte setzen und diese nach eigenem Ermessen vertiefen oder auch wechseln.

Doch übertreiben Sie nicht! Versuchen Sie nicht, das Gespräch zu dominieren, Ihr Gegenüber wird sonst die Lust an einer Unterhaltung mit Ihnen schnell verlieren. Eine Folge davon kann sein, dass Sie wesentliche Informationen für Ihre Entscheidungsfindung nicht mehr erhalten. Achten Sie also darauf, dass das Gespräch nicht einseitig verläuft. Lassen Sie auch Ihre(n) Gesprächspartner zu Wort kommen.

Sagen Sie, was Sie meinen

Soll sich der Aufbau einer persönlichen Beziehung positiv auf das Konfliktgeschehen auswirken, so hilft es nicht, wenn Sie Ihrem Kollegen Anteilnahme und Zuwendung heucheln, obwohl Sie ihn eigentlich nicht ausstehen können. Gespielte Gefühle und unehrliches Verhalten machen misstrauisch und wecken Vorbehalte.

Dies darf jedoch nicht dazu führen, dass Sie – um niemanden zu verletzen – ein ehrliches und offenes Wort scheuen. Deshalb gilt: Meinen Sie, was Sie sagen – und sagen Sie auch, was Sie meinen!

Beispiel:

Der Chef schmückt sich mit dem Erfolg des von seinem Assistenten durchgeführten Projekts. Seinen Mitarbeiter erwähnt er nur ganz am Rande. Der Assistent ist zu Recht enttäuscht. Er macht aus seinem Gefühl keinen Hehl und verschafft sich Gehör. Seine taktvoll und zum richtigen Zeitpunkt vorgebrachte Beschwerde hat Erfolg: Der Chef hebt Einsatz und Leistung seines Assistenten auf der nächsten Betriebsversammlung positiv hervor.

Achten Sie jedoch darauf, dass Sie mit Ihrem Gegenüber am richtigen Ort und zur richtigen Zeit ins Gespräch kommen. In schlechter Stimmung wird dies ebenso schwierig sein wie im Beisein Dritter.

Streitgespräche sollten Sie gut vorbereiten; dies gilt sowohl für den Inhalt wie auch die Atmosphäre. Berücksichtigen Sie die genannten Ratschläge, so wird es Ihnen leichter fallen, auch mit einem schwierigen Gegenüber ins Gespräch zu kommen. Vergessen Sie jedoch nicht, das Gespräch nach Beendigung in aller Ruhe auszuwerten.

Anhand der folgenden Checkliste sollten Sie noch einmal klären, wie vertraut Ihnen die wichtigsten Dimensionen einer gelungenen Kommunikation sind.

Checkliste: So gelingt Kommunikation

1	Sorgen Sie für eine angenehme Gesprächsatmosphäre? Wenn ja, wie?

2	Vermeiden Sie Schubladendenken und Vorurteile? Wenn ja, wie?

3	Stimmen Ihre sprachlichen Inhalte mit Ihrem körperlichen Ausdruck überein (z. B. Sie verschränken Ihre Arme vor der Brust, betonen aber Ihre Offenheit für eine andere Sicht der Dinge)? Wenn ja, woher nehmen Sie die Begründung für Ihre Antwort?

4	Bauen Sie Kommunikationsbarrieren ab? Wenn ja, wie?

5   Vermeiden Sie demotivierende Bemerkungen
    (z.B. „So etwas kann ich mir gar nicht vorstellen.")?
    Wenn nicht, was hindert Sie daran?

6   Führen Sie einen Monolog oder sind Sie an einem ehr-
    lichen Austausch der Meinungen (Dialog) interessiert?
    Welche Form der Kommunikation überwiegt?

7   Stellen Sie Fragen und versuchen Sie wichtige Aspekte
    noch einmal mit Ihren eigenen Worten zusammen-
    zufassen? Wenn nicht, was hindert Sie daran?

8   Führen Sie das Gespräch zielorientiert? Wenn ja,
    welches Ziel verfolgen Sie?

9   Suchen Sie in dem Gespräch einen Kompromiss?
    Wenn nicht, was steht diesem entgegen?

10 Halten Sie Versprechen und Zusagen ein? Wenn ja,
    nennen Sie ein Beispiel.

Seien Sie kompromissbereit

Natürlich können Sie stolz darauf sein, wenn Sie sich bei einer Auseinandersetzung durchsetzen. Ein solcher Erfolg kann sich jedoch auch als problematisch erweisen: Was hilft es Ihnen beispielsweise, wenn die Auseinandersetzung zu Ihren Gunsten ausgeht, Sie Ihr Gegenüber aber nicht überzeugen konnten? Nicht allzu viel, müssen Sie doch damit rechnen, dass Ihre Vorstellungen, wenn überhaupt, nur halbherzig akzeptiert werden.

Schaffen Sie eine Win–win–Situation

Was Sie brauchen, ist eine Konfliktlösung, die auch Ihr Gegenüber akzeptieren kann. Kein leichtes Unterfangen – zugegeben. Doch nur ein Kompromiss, der keine Verlierer kennt, bietet die Voraussetzungen für einen dauerhaften Frieden.

Streben Sie deshalb eine Lösung an, die beide Seiten zufrieden stellt. Auch die Konfliktpartei, die ihre Position nicht durchsetzen kann, sollte Vorteile aus der Lösung ziehen – schaffen Sie eine Win-win-Situation.

Mediation dient dem Interessenausgleich

Eine Win-win-Situation lässt sich nicht über den Rechtsweg herbeiführen. Auch wenn viele Konfliktparteien von gerichtlichen Entscheidungen eine gütliche Regelung ihres Streits erwarten – wird der Rechtsapparat erst einmal tätig, so sind die Fronten schon verhärtet.

Mehr Erfolg verspricht dagegen das Verfahren der Mediation. Dieses im angloamerikanischen Sprachraum bereits erfolgreich etablierte Konzept der Interessenvermittlung durch einen neutralen Konfliktschlichter findet mittlerweile in immer mehr Wirtschaftsbereichen Resonanz.

> Mediation ist der Versuch einer eigenverantwortlichen und freiwilligen Konfliktregelung durch die Konfliktparteien selbst. Ziel ist es, einen genauen, einvernehmlichen und zufriedenstellenden Interessenausgleich zu erarbeiten, den alle Beteiligten akzeptieren können.

Als neutralem Vermittler kommt dem Mediator die Aufgabe zu, die Konfliktparteien an einen Tisch zu bringen. Dabei bietet er ihnen bei der Suche nach einer kreativen Lösung des Streitfalls seine Unterstützung an.

Die Vorzüge der Mediation liegen auf der Hand: Das Prinzip von Sieg und Niederlage kann auf diesem Weg überwunden werden. Die Konfliktparteien können ihr Gesicht wahren. Persönliche Verletzungen bleiben die Ausnahme. Ganz zu schweigen von der finanziellen Entlastung, wenn die gegnerischen Parteien auf ein teures Verfahren vor dem Arbeitsgericht verzichten.

Die wichtigsten Merkmale einer gelungenen Mediation sind:

- alle Konfliktparteien werden eingebunden,
- sie beteiligen sich freiwillig,
- ein neutraler Mediator sitzt mit am Tisch,
- zwischen den unterschiedlichen Interessen wird erfolgreich vermittelt,

- die Konfliktparteien erarbeiten selbst einen Interessenausgleich,
- der Konflikt wird beigelegt.

Versetzen Sie sich in Ihr Gegenüber

Eine Win-Win-Situation können Sie nur dann erzielen, wenn Sie bereit sind, einen Kompromiss auch wirklich zu akzeptieren. Dazu müssen Sie sich aber auf Verhandlungen einlassen.

Um einen solchen Aushandlungsprozess zum Erfolg zu führen, sollten Sie sich in Ihren Verhandlungspartner hineinversetzen. Versuchen Sie nicht, ihm ablehnend oder distanziert gegenüberzutreten. Auch die Bewertung von Äußerlichkeiten (z.B. Kleidung oder Haarfarbe) oder persönlichen Eigen- und Gewohnheiten sollten Sie unterlassen.

Erfolgreich laufen Verhandlungen dann, wenn Sie Ihren Konfliktgegner respektieren, ohne dies von bestimmten Gefühlen und Meinungen abhängig zu machen. Signalisieren Sie Ihrem Gegenüber – auch wenn es Ihnen schwer fällt – Anteilnahme und emotionale Zuwendung. Das heißt: Versuchen Sie, an seinen Gefühlen teilzuhaben.

Gelingt es Ihnen, sich in Ihr Gegenüber einzufühlen und das angesprochene Problem aus seiner Sicht nachzuvollziehen, so fördert dies die Offenheit und Gesprächsbereitschaft. Unter Umständen kann Ihr Konfliktpartner dann freier über sich selbst und die hinter dem Problem liegenden Bedürfnisse und Sorgen sprechen. Sie selbst gewinnen dadurch neue Sichtweisen und können das Geschehen besser beurteilen.

Verlangt wird nicht, dass Sie alle Verhaltensweisen und Einstellungen Ihres Konfliktgegners gutheißen. Das Ziel besteht vielmehr darin, ihm eine wertschätzende Aufmerksamkeit entgegenzubringen, die nicht an ein bestimmtes Wohlverhalten gebunden ist. Dies erleichtert es Ihrem Gegenüber, Vertrauen zu gewinnen und auf negative Emotionen zu verzichten.

Verhandeln ist eine Kunst

Die Suche nach einem Kompromiss ist anstrengend, erfordert sie doch ein gewisses Verhandlungsgeschick. Für Sie heißt das: Seien Sie flexibel und reagieren Sie situationsbezogen. Orientieren Sie sich an Ihrem Gegenüber – rechnen Sie mit Überraschungen und seien Sie in der Lage das eigene Verhalten zu variieren.

Die folgenden Ausführungen geben einige Beispiele, wie Sie sich in einer Verhandlungssituation verhalten können.

Warten Sie ab!

Schieben Sie Ihre Entscheidung so lange hinaus, bis Ihr Verhandlungspartner seine Vorstellungen geäußert hat. Erst dann – in Abwägung seiner Entscheidung – treffen Sie die eigene.

Doch Vorsicht: Diese Strategie erfordert starke Nerven!

Sorgen Sie für eine Überraschung!

Lassen Sie Ihren Verhandlungspartner darüber rätseln, wie Sie sich verhalten werden. Überraschen Sie dann mit einer, von Ihnen zuvor festgelegten, aber so nicht zu erwartenden Vorgehensweise. Der Überraschungseffekt verschafft Ihnen eine Verhandlungsposition, auf die sich Ihr Gegenüber erst einstellen muss.

Schlagen Sie Haken!

Beim ersten Anzeichen einer Verhärtung der Standpunkte ziehen Sie sich zurück. Wiegt sich Ihr Gegenüber in Sicherheit, bringen Sie sich sofort wieder ins Spiel. Zeigen Sie Ausdauer und wechseln Sie häufiger die Position – dies erschwert es Ihrem Verhandlungspartner, eine Strategie gegen Sie zu entwickeln.

Doch Vorsicht: Übertreiben Sie nicht! Denken Sie daran, dass auch Sie in Ihrem Gegenüber einen verlässlichen Verhandlungspartner erwarten, dessen Verhalten kalkulierbar sein sollte.

Wiegen Sie Ihr Gegenüber in Sicherheit!

Lassen Sie Rauchzeichen aufsteigen und signalisieren Sie Ihrem Verhandlungspartner – vielleicht schon im Vorfeld –, dass er mit Ihrem Entgegenkommen rechnen kann. Wiegen Sie Ihr Gegenüber dadurch in dem Glauben, schon alle notwendigen Informationen zu besitzen. In Wirklichkeit fehlen ihm – um letztlich erfolgreich zu sein – jedoch noch einige entscheidende Details.

Doch Vorsicht: Sie unternehmen eine Gratwanderung zwischen taktischer Raffinesse und bewusstem Falschspiel. Rutschen Sie nicht ab – ein negatives Image kann Ihnen auf Dauer mehr schaden als der kurzfristig erzielte Vorteil.

Ziehen Sie sich zurück!

Sobald Sie merken, dass Sie in einer schlechteren Position sind, treten Sie den Rückzug an. Signalisieren Sie, dass Sie missverstanden worden sind und es so nicht gemeint haben.

Doch Vorsicht: Ihr Rückzug darf nicht bedeuten, dass Sie automatisch die Vorstellungen Ihres Konfliktgegners übernehmen. Werfen Sie nämlich Ihre eigene Position einfach über Bord, so ist der Gesichtsverlust beträchtlich. Klüger wäre es, auf eine aktive Auseinandersetzung zu verzichten und Kompromissbereitschaft zu signalisieren. Überdenken Sie Ihre Position und überlegen Sie, wie Sie sich mit Ihrem Anliegen zu einem späteren Zeitpunkt erfolgreich zurückmelden.

Anhand der folgenden Checkliste sollten Sie Ihr Verhandlungsgeschick noch einmal hinterfragen.

Checkliste: So verhandeln Sie erfolgreich

Aspekte erfolgreicher Verhandlungen

1 Fragen zur Strategie und Taktik

	Ja	Nein
Verfügen Sie über alle für den Verhandlungsgegenstand relevanten Informationen?	☐	☐

Was ist Ihr optimales Verhandlungsziel?

Welche Argumente werden Sie in welcher Reihenfolge in die Verhandlung einbringen?

Bei welchen Punkten können Sie weich verhandeln (nachgeben) und bei welchen werden Sie hart bleiben?

	Ja	Nein
Kennen Sie den Standpunkt und die Argumente Ihres Verhandlungspartners?	☐	☐

2 Fragen zu den Beziehungsaspekten

Mit welchen emotionalen Reaktionen müssen Sie bei Ihrem Verhandlungspartner rechnen?

Mit welchen Argumenten können Sie Ihren Verhandlungspartner wieder auf die Sachebene zurückholen?

Aspekte erfolgreicher Verhandlungen

Welche besonderen Interessen hat Ihr Verhandlungspartner?

Kennen Sie besondere Schwachstellen oder   Ja Nein
Sensibilitäten bei Ihrem Verhandlungspartner?   ☐   ☐

Wie ermöglichen Sie Ihrem Verhandlungspartner eine
Rückzugsmöglichkeit?

3 Regeln zur eigentlichen Verhandlungsführung

Gibt es eine Strategie wie Sie in der Verhandlung vorgehen wollen? Wenn ja, welche?

Versuchen Sie, ein möglichst breites Spektrum an Handlungsalternativen aufzubauen, bevor Sie eine Entscheidung treffen? Wenn ja, welche Handlungsalternativen
haben Sie?

Betrachten Sie Ihren Verhandlungspartner als jemanden,
der zur Lösung eines gemeinsamen Problems beiträgt?
Wenn ja, warum betrachten Sie ihn nicht als Gegner?

Treffen Sie eine Entscheidung

Sie haben bisher gesehen, dass es möglich ist, auf verschiedene Weise mit Konflikten umzugehen: Sie können kapitulieren und flüchten oder aber standhalten und sich einer Auseinandersetzung stellen. Sie können dies sofort oder auch später, alleine oder mit anderen zusammen tun. Immer aber sind Sie gezwungen, sich zwischen verschiedenen Möglichkeiten zu entscheiden.

Treffen Sie Ihre Entscheidung mit Bedacht. Unüberlegte oder vorschnelle, aber auch nicht getroffene Entscheidungen erhöhen nicht selten das Konfliktpotenzial.

Wollen Sie dies verhindern, so entscheiden Sie sich

- zum richtigen Zeitpunkt,
- auf der Grundlage ausreichender Informationen und
- im Hinblick auf das zu lösende Problem.

Erfolgreiche Entscheider greifen auf eine Mischung aus Erfahrungen und Gefühlen, Einsichten und Fachwissen zurück. Konkret bedeutet dies für Sie:

Vermeiden Sie spontane Entscheidungen. Nehmen Sie eine Auszeit. Dies schafft den notwendigen Abstand für eine nüchterne Analyse möglicher Konsequenzen.

- Lassen Sie Ihre Gefühle nicht außer Acht – bedenken Sie aber, dass Stimmungen sich ändern können. Untermauern Sie Ihre Entscheidungen deshalb mit sachlichen Argumenten.

- Lassen Sie sich nicht zu unüberlegten oder unnötigen Entscheidungen drängen – etwa weil ein anderer die Verantwortung auf Sie abwälzen möchte. Klären Sie deshalb, ob es überhaupt einer konkreten Entscheidung bedarf (eliminieren), nicht auch ein anderer die Entscheidung treffen kann (delegieren) oder die Entscheidung nicht auch zu einem späteren Zeitpunkt getroffen werden kann (terminieren).

- Sammeln Sie zur Entscheidungsfindung alle relevanten Informationen; nicht nur die, die Ihre eigene Auffassung bestätigen. Nur so vermeiden Sie aus persönlicher Betroffenheit resultierende Fehlentscheidungen.

- Suchen Sie das informelle Gespräch, um so Reaktionen auf Ihre mögliche Entscheidung abschätzen zu können. Erörtern Sie diese mit vertrauten Kollegen. Lassen Sie sich die eigentliche Entscheidung dadurch aber nicht aus der Hand nehmen.

- Viele Entscheidungen – etwa ein Arbeitsplatzwechsel – haben Konsequenzen für Ihr privates Umfeld. Binden Sie darum auch die Familie und enge Freunde in die Überlegungen mit ein.

Konflikten vorbeugen

Wo Informationen regelmäßig weitergegeben werden, Offenheit herrscht, Vertrauen das Ziel ist und für alle gleiche Spielregeln gelten, gibt es von vornherein wenig Nährfutter für Konflikte.

In diesem Kapitel erfahren Sie wie Sie

- die Kommunikation mit Ihren Kollegen verbessern,
- mit einer Betriebsvereinbarung die Rahmenbedingungen für ein konfliktfreies Miteinander schaffen,
- an einem neuen Arbeitsplatz von Anfang an vertrauensvoll mit den Kollegen zusammenarbeiten,
- Gruppen- und Teamarbeit konfliktfrei gestalten können und
- Coaching und Supervision als professionelle Hilfen nutzen.

Mischen Sie sich ein

Nur wer aus Erfahrungen lernt und sich bemüht voraus-
zuschauen, kann etwas dazu beitragen, Konflikte wirklich zu
verhindern. Neben den arbeitsplatzbezogenen und betrieblichen Rahmenbedingungen liegt es vor allem an der Einstellung und dem Verhalten des einzelnen Mitarbeiters, ob
Konflikten vorgebeugt, zumindest aber einer möglichen Eskalation entgegengewirkt wird.

Konflikte resultieren häufig daraus, dass Informationen nicht
weitergegeben werden oder zu wenige oder nur schlechte
Kommunikationsmöglichkeiten bestehen. Einem konfliktfreien
Austausch von Informationen und Meinungen wird deshalb
im Rahmen der meisten Unternehmens- und Führungsgrundsätze auch ein besonderer Stellenwert beigemessen.

Nur dann, wenn die Kommunikation am Arbeitsplatz als ehrlich, offen und vertrauensvoll empfunden wird, bieten sich
Möglichkeiten, Auseinandersetzungen bereits im Vorfeld zu
verhindern.

Konkret bedeutet dies für Sie:

- Informieren Sie sich – auch wenn es Zeit kostet!
- Beteiligen Sie sich an Diskussionen und Gesprächen – auch
  wenn es Mühe macht!
- Mischen Sie sich ein – auch wenn es Ihnen unangenehm
  ist!

Nutzen Sie Ihre Möglichkeiten zum Aufbau und zur Pflege
vertrauensvoller Kommunikationsstrukturen. Auch wenn sich

eine Politik der offenen Türen nicht überall realisieren lässt, so gilt der ungezwungene Smalltalk nach wie vor als wesentlicher Bestandteil einer lebendigen Kommunikationskultur. Kommunikation sollte nicht an Vorbedingungen geknüpft werden: Verschlossene Türen, auf Abschirmung bedachte Sekretärinnen und fehlende Sozialräume sind nicht geeignet, eine offene Atmosphäre zu schaffen.

Die folgenden Anregungen werden Ihnen helfen, die Möglichkeiten der Information und Kommunikation an Ihrem Arbeitsplatz und im Umgang mit Ihren Kollegen zu verbessern. Auf diese Weise lassen sich Probleme entschärfen und Konflikten kann vorgebeugt werden:

- Wenn Sie Leistungen und Verhaltensweisen kommentieren, tun Sie es nicht pauschal, sondern möglichst konkret.

- Erwarten Sie von Ihren Kollegen keine Vollkommenheit. Denken Sie daran: Auch Sie sind nicht immer in der gleichen Stimmung, auch Ihnen unterlaufen Fehler.

- Geben Sie – dort wo es angemessen erscheint – positive Rückmeldungen. Vermeiden Sie ungerechtfertigte oder verletzende Kritik.

- Fragen Sie Kollegen nach ihrer Arbeit, aber auch nach den damit verbundenen Problemen und erzielten Erfolgen.

- Lassen Sie vor Kunden und anderen Außenstehenden die Wertschätzung für Ihre Kollegen erkennen.

- Nehmen Sie sich Zeit für Gespräche und sorgen Sie dafür, dass nicht nur dienstliche, sondern auch private Probleme zur Sprache kommen können.

- Machen Sie keine Jagd auf Fehler. Suchen Sie vielmehr Möglichkeiten zur Bestätigung und Verstärkung Ihrer Kollegen.
- Kritisieren Sie niemals Abwesende.
- Seien Sie für konstruktive Kritik dankbar.
- Greifen Sie entsprechende Hinweise auf und entwickeln sie eigene Verbesserungsvorschläge.

Fallstricke und Stolpersteine lauern überall

Nicht selten kommt der Versuch, eine reibungslose Information und Kommunikation zu etablieren, einem Hindernislauf gleich. Mit etwas Mühe lassen sich die meisten Hürden jedoch überwinden. So können Sie einigen typischen Problemen begegnen:

- **Problem:** Es besteht keine Notwendigkeit, miteinander zu reden.
  Vorschlag: Sorgen Sie dafür, dass die Arbeitsbedingungen und -aufgaben regelmäßig überprüft werden. Dies kann auch im Rahmen informeller Gespräche erfolgen. Fördern Sie das Nach-, aber auch Vordenken.

- **Problem:** Informationen werden nach dem Zufallsprinzip vergeben oder eingefordert.
  Vorschlag: Schlagen Sie regelmäßige Mitarbeiterbesprechungen (z.B. wöchentliche Dienstbesprechungen) vor. Dokumentieren Sie die erhaltenen Informationen. So können Sie auf Informationsdefizite nicht nur hinweisen, sondern diese auch begründen.

- **Problem:** Sie haben bei Klärungsbedarf keinen konkreten Ansprechpartner.

  Vorschlag: Klären Sie zunächst Ihre eigenen Zuständigkeiten, dann aber auch die Ihrer Vorgesetzten und Kollegen. Verlangen Sie in dringenden Fällen den direkten Zugang zum entscheidenden Ansprechpartner, wenn nötig auch via Mobiltelefon.

- **Problem:** Informationen werden wahllos und ohne konkreten Adressaten oder Handlungsauftrag in Umlauf gebracht. Sie wissen nicht, was Sie mit diesen Informationen anfangen sollen.

  Vorschlag: Sorgen Sie dafür, dass die jeweiligen Informationen mit eindeutigen Handlungsaufforderungen versehen werden. Scheuen Sie sich nicht vor Rückfragen. Informationen von allgemeinem Interesse sollten in der Mitarbeiterzeitung oder am schwarzen Brett bekannt gegeben werden.

- **Problem:** Sie erhalten keine oder nur eine verspätete Rückmeldung.

  Vorschlag: Setzen Sie sich für eine regelmäßige Dienstbesprechung und für Supervision ein. Beide Zusammenkünfte tragen dazu bei, Arbeitsaufgaben zu reflektieren und Rückmeldung zu bekommen.

Beachten Sie die Spielregeln

Ein konfliktfreies Miteinander am Arbeitsplatz lässt sich nicht verordnen. Sie können sich jedoch für positive Rahmenbedingungen einsetzen, indem Sie engagiert für konkrete Spiel regeln des täglichen Miteinanders eintreten. Übernehmen Sie die Aufgabe, eine solche Diskussion anzuregen und daran mitzuwirken!

Für den Umgang mit Konflikten haben vor allem Führungsgrundsätze eine besondere Bedeutung. Sie machen klar, welches Verhalten erwartet wird und was man konkret zu tun hat. Damit bieten Sie den Mitarbeitern eine wichtige Orientierungshilfe zur Ausrichtung des eigenen Verhaltens. Vorgesetzten zeigen sie, welches Führungsverhalten erwünscht ist.

Auf diese Weise werden die unterschiedlichen Vorstellungen über Führung und Konfliktregelung vereinheitlicht. Mitarbeiter und Vorgesetzte können sich gegenseitig besser einschätzen. Dies schafft Sicherheit und eine größere Stabilität der sozialen Beziehungen am Arbeitsplatz.

Betriebsvereinbarungen schaffen Klarheit

Es gibt Probleme im Berufsalltag, die das Arbeitsklima ganz besonders belasten. Ob es nun um Alkohol geht, Ausländerfeindlichkeit, Mobbing oder sexuelle Belästigung: Probleme dieser Art sollten frühzeitig thematisiert und verbindlich geregelt werden. Immer mehr Unternehmen schließen deshalb Betriebsvereinbarungen ab.

Die folgende Übersicht benennt in Stichworten, welche Kernpunkte in einer Betriebs- oder Dienstvereinbarung – hier als Beispiel zum Thema „Mobbing" – enthalten sein sollten.

Betriebsvereinbarung zum Konfliktfeld Mobbing

1 Geltungsbereich
(Alle Beschäftigten sind einzubeziehen, auch alle Führungskräfte und leitenden Angestellten.)

2 Definition
(Abgrenzung von Mobbing gegenüber alltäglichen Konflikten, z. B. durch folgende Formulierungen: Als Mobbinghandlungen gelten An- und Übergriffe, die die Kommunikationsmöglichkeiten von Beschäftigten einschränken, ihre sozialen Beziehungen und ihr soziales Ansehen schädigen, die Qualität ihrer Berufs- und Arbeitssituation verschlechtern, die Gesundheit belasten und letztlich die Ausgrenzung und den Ausschluss des Angegriffenen aus dem Betrieb bezwecken.)

3 Erklärung der Betriebspartner zur Ächtung von Mobbing
(Arbeitgeber und Betriebs-/Personalrat erklären, dass die Ausübung von Mobbing am Arbeitsplatz eine Verletzung der Menschenwürde darstellt und sie diese als solche ächten. Mobbing-Handlungen gelten demgemäß als verbotene Belästigungen.)

4 Informationsverpflichtung des Arbeitgebers gegenüber den Beschäftigten
(Hier wird auch festgehalten, auf welche Weise der Arbeitgeber die Beschäftigten informiert, beispielsweise: Die Betriebsvereinbarung wird allen Beschäftigten ausgehändigt. Auf Betriebs-/Personalversammlungen wird über das Thema informiert. Es werden weitere

Betriebsvereinbarung zum Konfliktfeld Mobbing

Informationsquellen und Literatur angeboten. Das Thema Mobbing wird in den Katalog der betrieblichen Fort- und Weiterbildungsthemen aufgenommen.)

5 **Qualifizierung der Führungskräfte und Personalverantwortlichen**
(Seminare zum Thema „Konfliktmanagement" werden zur Pflichtveranstaltung für alle Beschäftigten mit Vorgesetztenfunktion. Entsprechendes gilt für Betriebs- und Personalräte. Die Fähigkeit, Konflikte konstruktiv zu lösen, wird als wichtigstes Kriterium in Vorgesetztenbeurteilungen thematisiert.)

6 **Beschwerderechte von Betroffenen**
(Aufklärung über und Konkretisierung der bestehenden Beschwerderechte nach dem Betriebsverfassungs- und Personalvertretungsrecht. Wege und Abläufe des Beschwerderechts im Betrieb.)

7 **Interventionspflicht des Arbeitgebers**
(Durch eine Formulierungen wie: "Alle Führungskräfte des Betriebs sind verpflichtet, bei Mobbing in ihrem Arbeitsbereich unverzüglich zu intervenieren.
Die im Betrieb geltenden Regeln zur Beilegung von Konflikten sind anzuwenden.
Gegebenenfalls ist die betriebliche Schlichtungsstelle einzuschalten.")

8 **Sanktionen**
(Hinweise zum Thema Störung des Betriebsfriedens und einer Formulierung wie: „Wer wiederholt Beschäf-

Betriebsvereinbarung zum Konfliktfeld Mobbing	
	tigte des Betriebs belästigt, muss mit arbeitsrechtlichen Konsequenzen – bis hin zur Entlassung – rechnen.")
9	**Einrichtung einer betrieblichen Schlichtungsstelle** (Besondere Qualifikation der Schlichtungsstelle, Aufgaben und Kompetenzen, Verpflichtung zur Neutralität festhalten sowie die Maßnahmen, wie diese gesichert wird. Alternativ können externe Berater zur Mediation herangezogen werden.)
10	**Schlussbestimmung** Geltungsdauer Kündigungsfristen

Auf Ihren Start kommt es an

Haben Sie gerade den Arbeitsplatz gewechselt und mit einer neuen Tätigkeit begonnen, so betreten Sie eine Ihnen weitgehend unbekannte Welt. Zunächst müssen Sie sich mit einer fremden Unternehmenskultur arrangieren und sich an bestehende Arbeitsbedingungen sowie Beziehungsstrukturen gewöhnen. Um sich in dieser neuen Umgebung zurechtzufinden, ist es verständlich, wenn Sie nach Orientierung und Unterstützung suchen.

Es ist wichtig, dass Sie sich selbst um eine möglichst reibungslose Eingliederung kümmern. Dazu gehört neben einer fachbezogenen Einarbeitung auch die soziale Integration. Beide Aspekte sind gleichermaßen wichtig. Alle Mühen Ihrer

Suche und Bewerbung wären umsonst, wenn Sie aufgrund eines missglückten Integrationsprozesses und anfänglicher Konflikte das neue Unternehmen schon nach kurzer Zeit wieder verließen. Der für eine erneute Stellensuche notwendige Aufwand wäre nicht zu rechtfertigen.

Doch auch wenn Sie darauf verzichten, ein weiteres Mal den Arbeitgeber zu wechseln, obwohl Sie über Ihre berufliche und soziale Einbindung enttäuscht sind, können sich folgenschwere Probleme einstellen. Vor allem dann, wenn Sie auf jegliches Engagement verzichten und Ihre Arbeit nur als Dienst nach Vorschrift absolvieren. Hat die innere Kündigung erst einmal stattgefunden, so führt dies über kurz oder lang zur Belastung der Arbeitsbeziehungen, ja das gesamte Betriebsklima kann darunter leiden.

Die Einstiegsphase in ein neues Unternehmen ist daher besonders wichtig, um zukünftige Konfliktsituationen zu vermeiden. In der Regel ist sie dann erfolgreich verlaufen, wenn Sie sich an Ihrem Arbeitsplatz wohl fühlen und mit Ablauf der Einarbeitungszeit in der Lage sind, Ihre Aufgaben eigenständig zu bewältigen. Dazu gehört, dass Sie mit Ihren Kollegen auf einer vertrauensvollen Basis zusammenarbeiten und auch gegenüber Ihrem Arbeitgeber die notwendige Loyalität aufbauen konnten. Damit sind die wichtigsten Voraussetzungen für eine umfassende Arbeitszufriedenheit und längerfristige Konfliktvermeidung erfüllt.

Lassen Sie sich von einem erfahrenen Kollegen einführen

In vielen Unternehmen erleichtern Patenschaftsysteme neuen Mitarbeitern den Start in ihre Berufstätigkeit. Die Idee einer solchen Partnerschaft auf Zeit sieht vor, jedem neuen Mitarbeiter einen erfahrenen Kollegen zur Seite zu stellen. Bei beruflichen Fragen und allen Problemen, die sich aus der neuen Arbeitssituation ergeben, ist er ein erster Ansprechpartner.

Wenden Sie sich an einen Paten oder einen anderen erfahrenen Kollegen, damit dieser Sie

- mit Ihrer Arbeitsumgebung (z. B. den räumlichen Gegebenheiten) bekannt macht,

- bei der Kontaktaufnahme zu Ihren Kollegen und weiteren Gesprächspartnern (z. B. mit Betriebs-/Personalrat, Gleichstellungs- und Sicherheitsbeauftragten) unterstützt,

- mit geschriebenen und ungeschriebenen Gesetzen des Unternehmens (z. B. Arbeitszeiten, Pausenregelungen, Sicherheitsvorschriften, Verschwiegenheitspflichten) vertraut macht,

- in Ihre Aufgaben einweist, Ihnen Sinn und Zweck Ihrer Tätigkeit erläutert und Sie über den Stellenwert Ihres Arbeitsbereichs im gesamten Unternehmen unterrichtet,

- durch fachliche Anleitung für Ihre Aufgaben qualifiziert,

- beim Erreichen von Arbeitszielen unterstützt,

- bei guten Leistungen lobt, bei Fehlleistungen aufbauend kritisiert,

- bei fachlichen wie auch persönlichen Problemen betreut.

Eine individuelle Betreuung dieser Art bedeutet für den jeweiligen Paten in der Regel Mehrarbeit. Sollten Sie selbst aufgrund Ihrer Erfahrung die Rolle eines Paten übernehmen, so sorgen Sie dafür, dass die Übernahme dieser Aufgabe zwischen den Kollegen wechselt und zeitlich befristet ist.

Sollte das Patenschaftsystem – aus welchen Gründen auch immer – in Ihrem Unternehmen noch unbekannt sein, so machen Sie mit einem entsprechenden Hinweis bei den verantwortlichen Entscheidungsträgern auf sich aufmerksam! Suchen Sie darüber hinaus Kontakt zu Ihren neuen Kollegen. Gehen Sie auf andere zu – auch wenn es anfangs schwer fällt.

Arbeiten Sie miteinander

Am besten kann man bei den Arbeitsbeziehungen ansetzen, um Konflikten vorzubeugen. Wie schnell kann eine partnerschaftliche Zusammenarbeit in einen Konflikt münden. Kaum jemand, der dies nicht schon einmal erlebt hätte. Es gibt deshalb zahlreiche Ansätze, um die innerbetriebliche Kooperation zu verbessern. Dies ist auch ein Grund dafür, weshalb Modelle der Gruppenarbeit mittlerweile vielerorts hierarchisch gegliederte Organisationsstrukturen ablösen.

Gruppen- und Teamarbeit sind durch folgende Merkmale gekennzeichnet:

- Sie bieten weitreichende Möglichkeiten der Selbstbestimmung. Die Abwicklung und Verteilung von Arbeitsaufgaben entscheiden Arbeitsgruppen in Eigenregie und ohne Anweisung von außen.

- Mitbestimmung wird groß geschrieben. Gemeinsame Aushandlungsprozesse (z.B. über die zukünftige Vorgehensweise) ersetzen bei Arbeitsgruppen die sonst übliche Vorgabe und Kontrolle durch Vorgesetzte.

- Die Kommunikation ist besonders intensiv. Alle Gruppenmitglieder haben untereinander direkten Kontakt und pflegen einen regen Erfahrungs- und Meinungsaustausch.

- Es entsteht ein starkes Zusammengehörigkeitsgefühl. Über die enge Zusammenarbeit hinaus entwickelt sich ein besonders motivierender Teamgeist (Wir-Gefühl).

- Synergieeffekte entstehen. Das Zusammenführen unterschiedlicher Ideen und Fähigkeiten führt zu einer Gruppenleistung, die größer ist als die Summe der Leistungen ihrer einzelnen Mitglieder.

- Arbeitsgruppen sind nicht nur bei der Durchführung konkreter Aufgaben (z.B. als Verkaufsteam) erfolgreich. In Form von kommunikativen Netzwerken (z.B. als Gesundheits- und Qualitätszirkel) haben sie auch einen entscheidenden Anteil an der Entwicklung problemspezifischer Lösungsstrategien.

All diese Besonderheiten von Gruppen- oder Teamarbeit fördern ein konfliktfreies Miteinander. Tragen Sie dazu bei, dass die Vorteile dieser Arbeitsweise auch in Ihrem Arbeitsumfeld anerkannt werden. So können Sie zu einer effektiven und konfliktfreien Zusammenarbeit mit Ihren Kollegen beitragen:

- Vermitteln Sie Ihren Kollegen die Idee teamorientierter Zusammenarbeit und thematisieren Sie mögliche Vor- und Nachteile.

- Stärken Sie die Bedeutung der Gruppen- und Teamarbeit gegenüber den altbekannten Arbeitsstrukturen.

- Helfen Sie mit, das Verständnis und die Rolle der einzelnen Teammitglieder innerhalb Ihrer Arbeitsgruppe zu klären.

- Tragen Sie zu einer Optimierung der Arbeitsorganisation, z.B. durch eine verbesserte Abstimmung von Einsatz- und Zeitplänen bei.

- Trainieren Sie den Abbau von sozialen Ängsten und Kommunikationsbarrieren innerhalb Ihrer Arbeitsgruppe.

- Überlegen Sie, wie der Informations- und Meinungsaustausch zwischen Ihnen und den anderen Teammitgliedern verbessert werden kann.

- Üben Sie gemeinsam mit Ihren Kollegen den konstruktiven Umgang mit arbeitsbedingten Problemen und entwickeln Sie Strategien zum Konfliktmanagement.

- Fördern Sie innerhalb Ihrer Arbeitsgruppe gemeinsame Wertvorstellungen und partnerschaftliches Verhalten.

- Unterlassen Sie es, sich an Intrigen oder Machtkämpfen zu beteiligen.

- Unterstützen Sie die Bereitschaft und Kompetenz der Teamkollegen, mit anderen Arbeitsgruppen des Unternehmens zu kooperieren.

Weitere Informationen zu diesem Thema finden Sie in den *TaschenGuides* „Teams führen" und „Projektmanagement".

Nehmen Sie Mitarbeitergespräche ernst

Eine der erfolgreichsten Möglichkeiten zur Vermeidung von Konflikten ist das Mitarbeitergespräch. Ziel einer solchen Vier-Augen-Kommunikation ist es, den Erfahrungs-, Informations- und Meinungsaustausch zu verbessern.

Mitarbeitergespräche können etwa zur Klärung des gemeinsamen Rollenverständnisses beitragen, Ängste, Missverständnisse und Vorbehalte aufdecken oder aber für eine Verbesserung der Arbeitsbedingungen sorgen. Vorgesetzte, die bei Problemen ihrer Mitarbeiter oder bei ersten Anzeichen für aufkommende Konflikte nicht das Gespräch suchen, vernachlässigen ihre Führungsaufgabe!

Ist ein Konflikt zentraler Gegenstand eines solchen Gesprächs, so sollte dieses einer mehrstufigen Dramaturgie folgen. Die folgende Übersicht benennt die wichtigsten Phasen beim Ablauf eines idealtypischen Konfliktgesprächs.

Leitfaden: Ablauf eines Konfliktgesprächs

1. Erste Phase: Das Gespräch sollte sachlich und ohne Vorhaltungen beginnen. Eine unangemessene Emotionalität in Form von Ärger oder voreiligen Bewertungen ist in jedem Falle zu vermeiden.

2. Zweite Phase: Der betroffene Mitarbeiter wird um eine Erklärung für sein Verhalten (z. B. die Weigerung, dem Kollegen wichtige Informationen weiterzugeben) gebeten.

3. Dritte Phase: Die negativen Folgen – z. B. ineffizientes Arbeiten im Hinblick auf die gesamte Abteilung, auf die Kollegen und den Betroffenen selbst – werden thematisiert.

4. Vierte Phase: Die an den betroffenen Mitarbeiter und sein zukünftiges Verhalten gerichteten Erwartungen werden besprochen. Beide Gesprächsparteien unterzeichnen eine entsprechende Vereinbarung. Der Informations- und Meinungsaustausch sollte in der Folgezeit intensiviert werden.

5. Fünfte Phase: Der Betroffene sollte bei Beendigung des Gesprächs erkennen, dass man nach wie vor auf seine Leistung setzt und die Vertrauensbasis für eine erfolgversprechende Zusammenarbeit auch weiterhin besteht.

Während Mitarbeitergespräche regelmäßig durchgeführt werden sollten, erfolgen Konfliktgespräche in der Regel nur bei konkretem Anlass.

> Thematisieren Sie offensichtliche Probleme oder unerwünschtes Verhalten nur im Rahmen persönlicher Gespräche. Kritische Äußerungen im Beisein anderer Kollegen zerstören jegliche Vertrauensbasis!

Weitere Informationen zu diesen Themen finden Sie in den TaschenGuides „Mitarbeitergespräche" und „Zielvereinbarungen und Jahresgespräche".

Nutzen Sie Coaching und Supervision

Die Ursachen von Konflikten zu durchschauen und adäquate Lösungen zu finden, ist oft erst mit professioneller Hilfe möglich. In vielen Fällen lassen sich nur mit Unterstützung externer Fachleute Selbstbehauptungsstrategien erarbeiten und Verhaltensänderungen herbeiführen.

Beratungsangebote wie Coaching und Supervision finden daher mehr und mehr Akzeptanz. Beide Angebote helfen, die immer komplexer werdenden Arbeits- und Konfliktsituationen zu reflektieren und zu bewältigen. Während dies beim Coaching im diskreten Dialog eines Vier-Augen-Gesprächs erfolgt, findet Supervision im Kreis der Kollegen statt. Dadurch werden die Beziehungen zwischen den Mitarbeitern und Probleme, die sich aus ihnen ergeben, unter allen Beteiligten ausgehandelt.

Coaching und Supervision sollen die Handlungen der Konfliktparteien weder rechtfertigen noch kontrollieren. Angestrebt ist vielmehr, die Konfliktpartner in die Lage zu versetzen, ihre Probleme selbst erfolgreich in die Hand zu nehmen. Sie sollen unbewusste Handlungsstränge erkennen und lernen, schwierige zwischenmenschliche Beziehungen zu erörtern, Ursachen für bestehende Konflikte aufzudecken und entsprechende Lösungswege zu erarbeiten.

Nach einer ersten Kontaktaufnahme mit einem Coach oder Supervisor sollten Sie herausfinden, ob sie miteinander können. Erst wenn diese Grundvoraussetzung geklärt ist, macht eine Vereinbarung über Ziele, Vorgehensweise, Termine, die finanziellen Modalitäten sowie Kriterien für eine Beendigung der Zusammenarbeit Sinn. In gegenseitigem Interesse sollten Sie einen schriftlichen Vertrag vereinbaren.

Die eigentliche inhaltliche Arbeit beginnt mit einer Situationsanalyse, zu der neben einer genauen Problemdefinition auch die Beschreibung der persönlichen und gruppenbezogenen Rahmenbedingungen gehört. Manchmal können Sie auch gemeinsam Etappenziele formulieren und entsprechende Handlungsstrategien entwickeln. In intensiven Gesprächen werden dann Wünsche und Sehnsüchte aufgedeckt sowie Fähigkeiten des Selbstmanagements reflektiert, schwierige zwischenmenschliche Beziehungen erörtert und Konfliktlösungen im beruflichen wie im privaten Umfeld erarbeitet.

Literatur

Borbonus, René: Respekt! Wie Sie Ansehen bei Freund und Feind gewinnen. Berlin 2011

Bülow, Mechthild: Mind the Gap! Ihr Kompass für effektive Konfliktlösungen im Geschäftsalltag. Wiesbaden 2005

Fisher, Roger, William Ury, Bruce Patton: Das Harvard-Konzept. Der Klassiker der Verhandlungstechnik. Frankfurt/M. 2009

Glasl, Friedrich: Konfliktmanagement. Ein Handbuch für Führungskräfte, Beraterinnen und Berater. Bern 2011

Kraft, Helmut: Fische haben Feinde, Fischstäbchen nicht. Überlebensstrategien fürs Büro – So wehren Sie sich gegen Feinde. München 2010

Leymann, Heinz: Mobbing – Psychoterror am Arbeitsplatz und wie man sich dagegen wehren kann. Reinbek 2002

Teil 2: Mobbing

Vorwort

Seelische Gewalt gibt es in unterschiedlichen Ausprägungen seit jeher in allen Gesellschaften: Schwächere werden von Stärkeren gequält und schikaniert. Nur: Forschungen zeigen, dass dieses Phänomen in unserer Arbeitswelt in den letzten Jahren zugenommen hat – und wir bezeichnen es heute mit dem Begriff „Mobbing". Sicherlich begünstigen die Arbeits- und Lebensbedingungen in der modernen, globalisierten Industriegesellschaft Mobbing mehr als früher. Gleichzeitig haben uns Forschungen und Veröffentlichungen seit den 1990er-Jahren für das Thema sensibilisiert.

Aber: Ist jetzt jegliche Kritik und jeder Druck, denen ein Arbeitnehmer ausgesetzt wird, Mobbing? Diese und andere Fragen beantworte ich auf den folgenden Seiten. Dieser TaschenGuide ist deshalb ein Leitfaden für Betroffene, Kollegen und Führungskräfte:

Ich zeige Ihnen, was eigentlich Mobbing genau ausmacht und was es z. B. von einem schlechten Betriebsklima oder „ganz normalen" Konflikten unterscheidet. Sie werden die Ursachen für Mobbing kennenlernen und natürlich die Gegenmaßnahmen: alles, was Sie als Betroffener (aber auch als Kollege oder Vorgesetzter eines Mobbingopfers) tun können, um das Mobbing zu beenden.

Dr. Christian Stock

Woran erkennen Sie Mobbinghandlungen?

Was ist Mobbing eigentlich? Genügt es schon, dass jemand von Kollegen ab und zu gehänselt wird oder vom Chef unangenehme Aufgaben übertragen bekommt? Oder ist Mobbing mehr als das?

In diesem Kapitel lesen Sie,

- worin sich Mobbing von normalen Konflikten oder einem schlechten Betriebsklima unterscheidet,
- welche direkten und indirekten Mobbinghandlungen es gibt.

Mobbing – mehr als Konflikte und schlechtes Betriebsklima

Der Begriff „Mobbing" scheint zu einem Modewort geworden zu sein. Fast alle zwischenmenschlichen Schwierigkeiten in der Arbeitswelt werden inzwischen mit diesem Begriff umschrieben.

Beispiele

> Ein Vorgesetzter äußert sich auffallend oft kritisch über die Arbeitsleistung von Herrn S. Er wirft ihm sehr oft vor, „alles falsch zu machen". Zunächst versucht Herr S. noch auf die Kritik einzugehen. Aber so sehr er sich auch anstrengt, er kann es seinem Chef nicht recht machen. Die Situation zieht sich über mehrere Monate hin. Bei dem früheren Chef von Herrn S. war das anders. Dieser war immer zufrieden mit seiner Leistung.
>
> Frau P. wird in ihrem Team von den Kolleginnen wie Luft behandelt und geschnitten. Wenn sie den Raum verlässt, wird hinter ihrem Rücken über sie getuschelt und getratscht. Auch hat sie den Eindruck, es würden Gerüchte über sie verbreitet. Die Lage spitzt sich immer mehr zu. Irgendwann lehnen die Mitglieder des Teams eine weitere Zusammenarbeit mit Frau P. ab.

Sind diese Handlungen Mobbing? Zweifellos werden hier Personen bei der Arbeit schikaniert, angegriffen oder sozial ausgegrenzt, wird die Ausführung ihrer Arbeitsaufgaben negativ beeinflusst. Um solche Angriffe aber als Mobbing bezeichnen zu können, müssen sie

- wiederholt,
- regelmäßig (z.B. wöchentlich) und,

- über einen längeren Zeitraum (z. B. sechs Monate) hinweg erfolgen sowie

- irgendwann zu einer Eskalation führen und

- den Betroffenen nach anfänglichem Widerstand in eine unterlegene Position bringen (sofern er sich nicht schon von Anfang an darin befand).

In diesem Sinne kann es sich bei den obigen Beispielen durchaus um Mobbing handeln. Wir kennen zwar nicht die konkreten Gründe für das Verhalten, das der Chef von Herrn S. und die Kolleginnen von Frau P. an den Tag legen. Ein normaler kollegialer Umgang unter Kollegen am Arbeitsplatz liegt aber sicherlich nicht vor. Der deutschstämmige Psychologe Heinz Leymann (der später in Skandinavien forschte) hat den Begriff Mobbing bereits 1993 geprägt. Von ihm stammt auch die Einteilung der Mobbinghandlungen in fünf Kategorien, die in diesem Buch noch geschildert werden. Obwohl der Begriff von dem englischen Wort „to mob" (in der Bedeutung „herfallen über, sich stürzen auf") abgeleitet ist, wird im angelsächsischen Sprachraum übrigens meistens ein anderer Begriff benutzt, nämlich „Bullying".

Abgrenzung zu Konflikten

Wenn es sich um einen isolierten Vorfall handelt (also keine Systematik erkennbar ist) und wenn beide Streitparteien gleich stark sind, liegt ein herkömmlicher Konflikt vor. Meinungsverschiedenheiten, vorübergehende Streitereien oder Auseinandersetzungen, die wieder beigelegt werden, gelten im Arbeitsleben als normal und daher nicht als Mobbing. Es wird allgemein erwartet, dass sich Frust oder Unmut immer mal wieder in Form eines „reinigenden Gewitters" entlädt.

Beispiel:

Herr G. und Frau M. haben eine inhaltliche Auseinandersetzung über die richtige Vorgehensweise bei einem Projekt. Beide vertreten sehr gegensätzliche Standpunkte. Während einer Besprechung kommt es deshalb zum Streit. Herr G. wirft Frau M. fachliche Inkompetenz vor, während Frau M. Herrn G. bezichtigt, das Team zu spalten. Die Sitzung wird abgebrochen und ein neuer Termin vereinbart. Herr G. und Frau M. sind daraufhin mehrere Tage „gekränkt" und gehen kühl miteinander um. Beide haben in der Vergangenheit aber immer gut zusammengearbeitet. Es finden vermittelnde Gespräche mit verschiedenen anderen Kollegen und Vorgesetzten statt. Schließlich beruhigen sich beide Seiten wieder und vertragen sich. Im Nachhinein stellt sich heraus, dass es gut war, die unterschiedlichen Standpunkte zur Sprache zu bringen und sie nicht zu unterdrücken. Herr G. und Frau M. arbeiten jetzt wieder konstruktiv zusammen, respektieren aber ihre gegensätzlichen Meinungen.

Man sagt, dass Konflikte auch ihre guten Seiten haben, da sie dazu beitragen, unterschiedliche Interessen und Standpunkte zu klären. Im günstigsten Fall verbessern sich dadurch die Beziehungen sogar erheblich, man spricht dann von einer konstruktiven Streitkultur. Ob zwei Konfliktparteien gleich stark sind, ist schon schwieriger zu beurteilen. Auch wenn man auf derselben Hierarchieebene steht und somit scheinbar gleich stark ist, kann man dennoch unterlegen sein, etwa wenn der Gegner über mehr Erfahrung und Wissen verfügt oder von einer höheren Dienstebene gedeckt wird.

Viele Führungskräfte glauben fälschlicherweise, dass die Streitparteien ihre Konflikte eigenständig regeln könnten, da sie ja erwachsen seien. Ein harmloser Konflikt kann aber schnell in destruktives Verhalten umschlagen – dann will vielleicht eine der beiden Parteien gar nicht mehr den Standpunkt der anderen verstehen, und diese weigert sich womöglich ebenfalls, ein Minimum an Mitgefühl und Verständnis für ihr Gegenüber aufzubringen. Konflikte sollte man daher auf keinen Fall bagatellisieren, denn es besteht immer die Gefahr, dass sie irgendwann eskalieren.

> Mobbing ist immer ein Konflikt, aber nicht bei jedem Konflikt liegt auch automatisch Mobbing vor.

Schadet der Begriff Mobbing dem Betriebsfrieden?

Es gibt auch Kritiker des Mobbingbegriffs, die finden, dass er überstrapaziert und zu leichtfertig verwendet wird. Manche Arbeitgeber befürchten z. B., dass sie nun niemanden mehr disziplinieren dürfen. Jedes Verhalten eines Vorgesetzten wie Kritik, Ermahnungen oder Anweisungen könnte schließlich zum Mobbing erklärt werden. Betriebsräte könnten mit allen möglichen Beschwerden und Bagatellen überschwemmt werden. Kleinere Gemeinheiten, Kränkungen, Konflikte und Kollegenscherze, die vorher stillschweigend hingenommen wurden, wären nun Mobbing und würden dadurch unnötig aufgebauscht. Und könnte nicht im schlimmsten Fall Mobbing sogar vorgetäuscht werden, um jemandem zu schaden?

Kurzum: Kommt es nicht zu einem Bumerangeffekt, wenn man zu unkritisch mit dem Begriff umgeht? Einige dieser Einwände sind tatsächlich diskussionswürdig, andere lassen eher auf Verdrängungsstrategien oder unbegründete Ängste schließen. Es lohnt sich daher, genau hinzusehen. Die nächsten Seiten werden Ihre Sensibilität für das Thema schärfen.

Zur Häufigkeit von Mobbing

Naturgemäß lässt sich die Verbreitung von Mobbing schwer erfassen und nur grob schätzen. Dennoch sind die Zahlen beunruhigend. Deutsche Studien kamen auf eine Mobbinghäufigkeit von 2,7–2,9 %, europäische Studien ergaben Mittelwerte von 1–4 %. Selbst bei einer Quote von 2,7 % in Deutschland kommt man bei geschätzt 39 Millionen Berufstätigen auf rund 1 Millionen Personen! Bereiche, die besonders von Mobbing betroffen zu sein scheinen, sind das Gesundheitswesen, das Erziehungswesen, die öffentliche Verwaltung und das Kreditwesen. Untersuchungen zeigen aber, dass es letztlich keine „mobbingfreie" Zone gibt. Das Phänomen Mobbing zieht sich durch alle Berufsgruppen, Branchen und Betriebsgrößen sowie Hierarchiestufen und Tätigkeitsniveaus.

Geschlechtsspezifisches Mobbing?

Sind Frauen häufiger von Mobbing betroffen als Männer? Zunächst einmal hat es den Anschein. Nach Auskunft des deutschen Mobbing-Reports von 2002 (der bisher einzigen landesweiten Untersuchung dieser Art) waren Frauen sowie jüngere Berufstätige bis zu 25 Jahren, darunter vor allem Auszubildende, besonders gefährdet. Weibliche Beschäftigte waren demnach mit 3,5 % deutlich häufiger von Mobbing betroffen als ihre männlichen Kollegen (2,0 %). Ihr Mobbingrisiko lag also deutlich höher als dasjenige der Männer. Zunächst vermutete man, dass dies in der Sozialisation von Frauen begründet sei. Demnach träten sie weniger selbstbewusst auf und gingen Konflikten eher aus dem Weg. Aus der Stressforschung weiß man aber, dass Frauen eher bereit sind, sich zu gesundheitlichen Themen zu äußern und zuzugeben, dass sie einer Situation hilflos gegenüberstehen. Folglich nehmen Frauen tendenziell eher an Mobbinguntersuchungen teil.

Gerne wird in diesem Zusammenhang die Zahl zitiert, dass fast 60 % aller Opfer (männlich und weiblich) von einem Mann gemobbt werden, während rund 40 % hauptsächlich von einer Frau gemobbt werden. Dies hat man u. a. durch die höhere Anzahl der männlichen Erwerbstätigen (Erwerbsquote) erklärt. Schlüsselt man die Zahlen weiter auf, kommt man zu folgendem Ergebnis: 81,7 % der Männer werden von anderen Männern gemobbt und 57,3 % der Frauen von anderen Frauen. Bei beiden Geschlechtern geht also die Gefahr, gemobbt zu werden, vor allem von den eigenen Geschlechtsgenossen aus.

Die hierarchische Stellung der Mobber

Sind es vor allem Kollegen oder Vorgesetzte, die mobben? Im Mobbing-Report waren die Angreifer:

- zu 38 % nur der Vorgesetzte („Bossing")
- zu 13 % Vorgesetzte und Kollegen
- zu 22 % nur ein Kollege
- zu 20 % eine Gruppe von Kollegen
- zu 2 % nur Untergebene

In der Hälfte (anderen Studien zufolge sogar in bis zu 70 %) der Fälle sind Vorgesetzte am Mobbing beteiligt. Unter diesen ist der Anteil direkter Vorgesetzter doppelt so hoch wie der Anteil indirekter Vorgesetzter. Allerdings sind in mehr als der Hälfte der Fälle Kollegen am Mobbing beteiligt. Mobbing „von unten" hat mit durchschnittlich 2 % aller Fälle Seltenheitswert, eine Ausnahme bilden hier nur die Beamten (11 %).

> Je niedriger die hierarchische Position, desto wahrscheinlicher ist Mobbing durch Kollegen. Je höher die hierarchische Position, desto wahrscheinlicher ist Mobbing durch Vorgesetzte.

Angriffe im kommunikativen Bereich

Menschen brauchen Kommunikation, um sich mit anderen auszutauschen und als Grundlage ihrer Zusammenarbeit. Kommunikation geschieht nicht nur verbal, sondern auch nonverbal: durch Gestik, Mimik, Blicke und Andeutungen.

Beispiel:

Herr M. wird seit einiger Zeit in den Teamsitzungen öfter unterbrochen. Sein Kollege K. schneidet ihm einfach das Wort ab. Herr M. wurde zudem aus einigen E-Mail-Verteilern herausgenommen. Ihm fehlen dadurch wichtige Informationen, ohne die er nicht mehr auf dem neuesten Stand ist. Umgekehrt gelangen wichtige Informationen von seiner Seite nicht mehr ins Team. Selbst die Arbeitsabläufe werden dadurch behindert. Zur Verwunderung von Herrn M. wird dies offensichtlich in Kauf genommen.

Seine Versuche, das Problem anzusprechen, werden ignoriert – alles sei „in Ordnung". Auch nonverbal bekommt Herr M. die Ablehnung durch abwertende Blicke, Gesten und Andeutungen zu spüren. Viele Kollegen, mit denen Herr M. früher gut auskam, hüllen sich neuerdings in Schweigen.

Herr M. erlebt im Verlauf Kontaktverweigerung und doppeldeutige Kommunikation: Auf der verbalen Ebene versucht man ihn zu beschwichtigen, aber nonverbal „spürt" er, dass etwas nicht stimmt. Dieses widersprüchliche Verhalten verunsichert Herrn M. War es ein Versehen, dass er bestimmte E-Mails nicht erhielt, oder Absicht? Wäre es nicht sogar besser, wenn er direkt angegriffen würde, z. B. durch offene Kritik oder gar Drohungen? Dann wüsste er wenigstens, woran er ist. Konfliktorientierte und ehrliche Gespräche darf Herr M. aber nicht führen. Er hat nicht mehr die Kontrolle darüber, was gesagt wird und von wem. Das nagt an seinem Selbstwertgefühl. Ganz gleich wie Herr M. reagiert, es scheint falsch zu sein. Er kann nicht gewinnen.

Übersicht: Angriffe auf kommunikative Möglichkeiten

Der Vorgesetzte oder Kollegen

- unterbrechen den Betroffenen ständig oder lassen ihn nicht zu Wort kommen.
- bedrohen ihn mündlich oder schriftlich.
- kritisieren ständig seine Arbeitsleistung.
- schreien ihn an und beschimpfen ihn.
- verweigern indirekt oder direkt den Kontakt mit ihm.

Angriffe auf die zwischenmenschlichen Beziehungen

Menschen sind soziale Wesen. Je mehr Unterstützung wir erhalten, desto mehr Stress können wir bewältigen. Wenn wir uns mit Arbeitskollegen und Vorgesetzten gut verstehen, können wir eine Menge aushalten. Mobbingangriffe zielen daher darauf ab, das soziale Netz eines Mitarbeiters zu zerstören. Wer keinen Rückhalt mehr im Kollegium findet, ist verunsichert und isoliert. Isolation hält niemand lange aus.

Beispiel:

 Frau S. hatte sich bisher immer gut mit ihren Kolleginnen verstanden. Neuerdings setzten sich aber zwei der alten Kolleginnen in der Mittagspause an einen anderen Tisch, und zum Frühstück ging man schon lange nicht mehr gemeinsam. Irgendwie hatte Frau S. das Gefühl, dass man sie „schnitt" und wie Luft behandelte. Dann wurde Frau S. noch in ein anderes Büro versetzt. Ihr Vorgesetzter meinte es scheinbar gut und gab an, er wolle „den

Konflikt begrenzen". Durch die Isolation wurde aber alles noch schlimmer. Frau S. verstand auch nicht genau, welchen Konflikt ihr Vorgesetzter eigentlich meinte.

Frau S. wird von ihren Mitarbeitern isoliert. Sie verliert dadurch den Rückhalt und die soziale Unterstützung ihres Teams. Sie gehört nun nicht mehr dazu und ist ausgegrenzt. Der Übergang zu den im vorigen Abschnitt beschriebenen Einschränkungen ist fließend und zeigt Überlappungen. Wer isoliert wird, kann nicht mehr kommunizieren. Und wer nicht mehr kommuniziert, gerät automatisch in die Isolation.

Doch ist es nicht sinnvoll, allzu engen Beziehungen am Arbeitsplatz einen Riegel vorzuschieben? Manche Experten behaupten, dass Kollegen, die sich zu gut verstehen, schlechter steuerbar sind. Zum Teil stimmt das: Ein über Jahre gewachsenes Kollegium, welches Höhen und Tiefen miteinander durchlebt hat, lässt sich nicht alles vorschreiben. Manche Führungskräfte befürchten, dass sich dadurch Schlendrian breitmachen könnte. Sie vertreten daher den Standpunkt, man müsse Teammitglieder gegeneinander ausspielen, damit sich keine starke Solidarität entwickelt. In sehr großen Betrieben mit relativer Anonymität lassen sich Mitarbeiter recht gut isolieren und damit ausschalten. Es fällt kaum auf. In kleinen Firmen mit wenigen Beschäftigten ist das weitaus schwieriger: Dort herrscht meistens eine eher familiäre Atmosphäre.

Übersicht: Angriffe auf zwischenkommenschliche Beziehungen

- Vorgesetzte und Kollegen sprechen nicht mehr mit dem Betroffenen und er lässt sich nicht ansprechen.
- Vorgesetzte und Kollegen schneiden ihn und behandeln ihn wie Luft.
- Die Geschäftsleitung untersagt dem Kollegium, mit dem Betroffenen zu kommunizieren.
- Die räumliche Nähe mit dem Betroffenen wird gemieden, eventuell wird er in ein anderes Büro oder an einen anderen Arbeitsplatz versetzt.

Angriffe auf das soziale Ansehen

Wer Fleiß, Kollegialität, Humor und zusätzlich noch entsprechendes Fachwissen besitzt, ist beliebt und genießt Ansehen in einem Team und einer Firma. Durch dieses Ansehen steigt auch das Selbstwertgefühl und das Selbstvertrauen einer Person. Insofern sind Angriffe dieser Kategorie eine konsequente Fortsetzung der bisherigen Mobbinghandlungen. Wird das Ansehen eines Menschen angegriffen, in Frage gestellt und demontiert, wird er verunsichert und sein Selbstvertrauen untergraben. Steht z.B. im Raum, dass ein Mitarbeiter psychisch krank ist oder dass er Standpunkte vertritt, die nicht mit der Gruppennorm übereinstimmen, dann besteht die Gefahr, dass sich andere von ihm zurückziehen.

Beispiel:

> Frau G. merkte, dass hinter ihrem Rücken über sie geredet wurde. Man machte sich über sie lustig. Eine besonders gehässige Kollegin imitierte ihre Mimik und Gestik und ihre Art zu sprechen. Wegen ihrer längeren Krankschreibung hatte jemand das Gerücht in die Welt gesetzt, dass sie psychisch krank sei. Ihre Eheprobleme hatten sich offenbar auch herumgesprochen. Ein männlicher Kollege machte sogar anzügliche Bemerkungen. Auch ihre Zugehörigkeit zu einer kirchlichen Vereinigung wurde lächerlich gemacht. Zum „Beten" solle sie doch gefälligst in die Kirche gehen.

Das Beispiel verdeutlicht, dass sich die Angriffe vor allem auf vermeintliche oder echte Schwächen des Betroffenen beziehen. Das ursprünglich positive Ansehen eines Menschen wird ins Negative verkehrt, statt seiner Stärken werden nun seine angeblichen Schwächen herausgestellt. Ziel ist es, den ehemals guten Ruf einer Person ins Wanken zu bringen. Frau G. mag ja einmal eine gute Mitarbeiterin gewesen sein, jetzt verdichten sich aber die Hinweise darauf, dass sie es nicht mehr ist.

Übersicht: Angriffe aud das soziale Ansehen
Vorgesetzte und Kollegen

- machen den Betroffenen hinter seinem Rücken schlecht.
- verbreiten Gerüchte.
- machen ihn lächerlich oder beleidigen ihn.
- verdächtigen ihn, psychisch krank zu sein.
- machen sich über seine Behinderung lustig.

Übersicht: Angriffe aud das soziale Ansehen
▪ imitieren seinen Gang, seine Stimme oder seine Gesten.
▪ greifen seine politische oder religiöse Überzeugung an.
▪ machen sich über sein Privatleben lustig.
▪ machen sich über seine Nationalität lustig.
▪ beurteilen Arbeitsleistungen in falscher oder kränkender Weise.

Angriffe auf die Qualität der Berufs- und Lebenssituation

In den westlichen Industriegesellschaften definiert man sich vor allem über die Arbeit. Die gesellschaftliche Bedeutung der Familie ist dagegen stark in den Hintergrund getreten. Somit ist man über die Arbeit auch am ehesten angreifbar. Von der beruflichen Situation hängt meistens auch die wirtschaftliche Existenz ab. Die wenigsten von uns arbeiten nur zum Vergnügen. Wenn das Selbstvertrauen angegriffen wird, wie oben beschrieben, kann der Betroffene sich nur noch schlecht wehren und behaupten. Wird dann die Existenzgrundlage der Arbeit in Frage gestellt und zusätzlich die Kommunikation unterbunden, die den Konflikt lösen könnte, dann bleibt kaum noch ein Ausweg. Die Eskalation ist vorprogrammiert.

Beispiel:

> Herr W. war früher Projektleiter. Nun bekommt er auf einmal immer weniger Aufgaben zugewiesen, die seiner Qualifikation entsprechen. In einem Gespräch wird ihm vorgeschlagen, von seiner Leitungsfunktion zurückzutreten. Er erwecke den Eindruck, nicht mehr so belastbar zu sein. Nachdem Herr W. protestiert, werden ihm mehrere zusätzliche Aufgabenbereiche zugewiesen, in denen er sich aber nur wenig auskennt. Nach kurzer Zeit ist er tatsächlich überfordert. Dies wird ihm dann wiederum vorgeworfen. Schließlich bietet man ihm einen Auflösungsvertrag mit einer Abfindung an, da er die geforderten Leistungen nicht mehr erbringen könne. Herr W. lässt sich daraufhin krankschreiben.

Im Fall von Herrn W. kommt nun eine neue Dimension hinzu. Die persönlichen Beziehungen zu seinen Kollegen sind ihm vielleicht nicht so wichtig, dafür bedeutet ihm seine Arbeit umso mehr. Herr W. arbeitet gerne und definiert sich über seine Tätigkeit. Wenn man ihm also seine Arbeit wegnimmt oder sie qualitativ und/oder quantitativ verändert, greift man ihn auf einer ganz existentiellen Ebene an.

Viele vom Mobbing Betroffene verbleiben nur aus Sicherheitserwägungen in ihrer oft unerträglichen Situation. Wenn die wirtschaftliche Existenz auf dem Spiel steht, nimmt der Betroffene vieles in Kauf. Insofern wirken sich die Mobbinghandlungen auf die gesamte Lebenssituation aus.

Mobbing im Freizeitbereich ist hingegen deutlich weniger belastend. Bei der politischen Arbeit oder im Verein kann man besser ausweichen und Differenzen wirken sich kaum auf die Arbeit aus. Hingegen wirkt Mobbing am Arbeitsplatz durch die Dominanz des Arbeitslebens oft in das Familienleben hinein, das spürbar beeinträchtigt wird.

Übersicht: Angriffe auf die Berufs und Lebenssituation

- Die Vorgesetzten weisen dem Betroffenen keine Arbeitsaufgaben mehr zu.

- Im Extremfall wird ihm jegliche Beschäftigung am Arbeitsplatz genommen.

- Die zugewiesenen Arbeiten sind sinnlos, unter Niveau oder erniedrigend und kränkend.

- Die zugewiesenen Aufgaben überfordern und liegen über Niveau, sodass sie nicht bewältigt werden können.

- Die zugewiesene Arbeit ist ständig neu und/oder zu viel.

Angriffe auf die Gesundheit

Letztendlich stellt jede Mobbinghandlung natürlich einen Angriff auf die Gesundheit dar. Mobbing ist ein erheblicher Stressor, der sich negativ auf das körperliche und insbesondere das seelische Befinden auswirkt. Wenn jemand über einen langen Zeitraum hinweg sozial isoliert und daran gehindert wird, seinen Beruf auszuüben, wenn jemand unter ständiger Angst vor erneuten Mobbinghandlungen lebt, dann leidet zwangsläufig auch die Gesundheit. Aber es gibt auch spezifische Mobbinghandlungen, die gezielte Angriffe auf die Gesundheit darstellen.

Beispiel:

 Herr K. arbeitet im Straßenbau. Dort geht es schon mal etwas rauer zu. In einer Baugrube steht Flüssigkeit. Kollegen schalten die Pumpe aus und lassen Herrn K. mit nassen Füßen weiterarbeiten. Hinterher behaupten sie, man habe nichts bemerkt. Die Rückenprobleme von Herrn K. sind schon lange bekannt. Trotz seines Bandscheibenvorfalls wird er häufig zu rückenbelastenden Tätigkeiten eingeteilt. Seine Proteste werden ignoriert. Einmal wird ein schweres Werkzeug in seine Richtung fallen gelassen. Wenn es ihn getroffen hätte, wäre eine erhebliche Verletzung eingetreten, die mutwillig in Kauf genommen wird. Dies sei ein Versehen gewesen und nicht mit Absicht geschehen, sagen die Kollegen hinterher dem Vorgesetzten. Der ist hilflos und mit der Situation überfordert. Die Kollegen sollen das unter sich ausmachen. Sie seien schließlich erwachsen.

Während in den Bereichen Kommunikation und soziale Beziehungen durchaus indirekt gemobbt werden kann, etwa durch das Verbreiten von Gerüchten, sind die Angriffe in diesem Bereich direkter. Im Beispiel werden zusätzlich gesundheitliche Schwachstellen ausgenutzt, um den Betroffenen zu benachteiligen: Er wird bewusst zu einer Tätigkeit gezwungen, die ihm schadet. Aus Angst um seinen Arbeitsplatz und um keine Schwäche zu zeigen, lässt sich Herr K. das zunächst gefallen. Auch wird versucht, ihn mit einem Werkzeug zu verletzen, was bereits eine Straftat wäre. Im Nachhinein lassen sich derartige Angriffe aber nur schwer nachweisen.

Übersicht: Angriffe auf die Gesundheit

- Zwang zu gesundheitsschädlichem Arbeiten
- Androhung körperlicher Gewalt
- Anwendung „leichter" Gewalt (Denkzettel)
- Reale körperliche Misshandlung, z. B. Schläge oder sonstige Verletzung
- Beschädigung von privatem Besitz (Wohnung, Auto, Haus) oder Arbeitsutensilien des Betroffenen, um ihn emotional einzuschüchtern, zu verunsichern oder körperlich zu gefährden (z. B. durch platten Autoreifen)
- Sexuelle Handgreiflichkeiten und Belästigungen

Diese Aufzählung möglicher Angriffe ist nicht vollständig und der Kreativität der Mobber sind keine Grenzen gesetzt. Die meisten Mobbinghandlungen lassen sich aber einer der beschriebenen Kategorien zuordnen, und die meisten Betroffenen erleben eine Kombination einzelner Handlungen.

Am häufigsten werden Handlungen verübt, die sich negativ auf das soziale Ansehen einer Person auswirken. Dazu gehört insbesondere das Streuen von Gerüchten. Ebenfalls beliebt sind Mobbinghandlungen, welche die fachliche Kompetenz sowie die Leistungs- und Einsatzbereitschaft des Betroffenen in Frage stellen. Dann folgt die Verweigerung von Informationen und zuletzt Ausgrenzung und Isolierung.

Moderne Form: Cyber-Mobbing

Wenn jemand ohne seine Einwilligung mit Hilfe von Bild- und Videoveröffentlichungen, E-Mails, Chatrooms und SMS fortgesetzt verleumdet, bedroht oder belästigt wird, spricht man von „Cyber-Mobbing". Häufig sind Lehrer und Schüler davon betroffen.

Beispiel:

Unbekannte haben den Schüler Peter W. in einer peinlichen Situation per Handy gefilmt und das Video ins Internet gestellt (Youtube). Freunde entdecken es und informieren ihn. In der Klasse kennen schon alle das Video und machen sich über Peter lustig, was ihn beschämt. Dabei bleibt es aber nicht. Bei Facebook entdeckt Peter mehrere Verleumdungen über sich, die schwer zurückzuverfolgen sind. Ein Teil der Mitschüler glaubt die Gerüchte und zieht sich von Peter zurück. Er erhält außerdem laufend E-Mails, in denen er bedroht wird und deren Ursprung sich nicht ermitteln lässt. Peter sind diese Angriffe langsam unheimlich und er bekommt Angst.

Bei Mobbing über Internetseiten wie Youtube und Facebook oder elektronische Kommunikationsmittel wie Handys handelt es sich um ein relativ neues Phänomen. Die Täter sind vorwiegend männlich und zwischen elf und 20 Jahren alt. Inhalte im Internet lassen sich schlecht kontrollieren und sind sehr schnell verbreitet. Die Täter sind zudem schwer zu ermitteln und können oft anonym bleiben. Die häufigsten Mobbingformen sind Beleidigungen und das Verbreiten von Gerüchten. Manche Schulen reagieren darauf schon mit Nutzungsverboten von Handys und Handykameras im Unterricht und in der Pause sowie mit entsprechenden Verhaltenscodizes. Mit zunehmender Nutzung der modernen Medien wird das Internet noch stärker zur Plattform, die neue Formen von Mobbing ermöglicht und neue Schutzmaßnahmen erfordert.

Auf einen Blick: Mobbinghandlungen

- Mobbing ist eine zielgerichtete Handlung, die den Ausschluss einer Person aus der Arbeitswelt zum Ziel hat.

- Als Mobbing gelten Handlungen, die wiederholt (z. B. einmal pro Woche), über einen längeren Zeitraum (z. B. sechs Monate) hinweg und systematisch erfolgen.

- Mobbinghandlungen greifen u. a. die Kommunikation, die Arbeitssituation, die Arbeitsbeziehungen untereinander und/oder das Ansehen der Person in der Gesellschaft an.

- Mobbing schädigt direkt und indirekt die Gesundheit.

- Mobbing ist schwer messbar, weil es oft verdeckt geschieht.

- Mobbing dauert im Durchschnitt 15 bis 18 Monate, kann sich im Extremfall aber über mehrere Jahre hinziehen.

Wie entsteht Mobbing und wozu führt es?

Mobbing entsteht durch eine Mischung aus inneren und äußeren Faktoren. Das heißt: Bestimmte Charaktereigenschaften sowohl beim Täter als auch beim Opfer treffen ungünstig zusammen. Wenn noch erschwerende Rahmenbedingungen im Betrieb hinzukommen, besteht ein idealer Nährboden.

In diesem Kapitel lesen Sie,

- welche Persönlichkeitsfaktoren die Gefahr erhöhen, gemobbt zu werden,
- welche Rahmenbedingungen im Betrieb zum Mobbing beitragen,
- welche sozialen und gesellschaftlichen Faktoren eine Rolle spielen,
- was einen Mobbingtäter antreibt,
- wie ein Mobbingprozess in den meisten Fällen abläuft.

Was der Betroffene selbst beiträgt

Mobbing lässt sich nicht immer allein auf die Rahmenbedingungen zurückführen. Auch die Wesensart eines Menschen oder ein Außenseiterstatus können ihn zur Zielscheibe machen. Eine umstrittene Frage in diesem Zusammenhang ist, ob es so etwas wie eine „Mobbingpersönlichkeit" gibt, d. h., ob ein Mensch mit einer geringen sozialen und kommunikativen Kompetenz die Mobbinghandlungen gleichsam herausfordert. Es scheint so, als gerieten bestimmte Menschen immer wieder in Mobbingsituationen, selbst in Teams, die als sehr tolerant gelten. Wenn diese Theorie stimmen würde, dann wären die Ursachen des Mobbings überwiegend nicht im Umfeld, sondern in der Person selbst zu suchen, weil diese sich z. B. nicht in eine Gruppe einfügen kann. Selbst wenn es solche Fälle geben sollte, dürfen sie aber natürlich nicht als Entschuldigung oder Rechtfertigung für Mobbing herhalten.

Ursache oder Wirkung?

Die Frage, inwiefern der Betroffene selbst zum Mobbing beiträgt, polarisiert erheblich, weil dem Opfer dadurch sozusagen eine Mitschuld gegeben wird. Kritiker dieser Sichtweise sagen, dass sich erst durch die Mobbinghandlungen eine Persönlichkeitsveränderung einstellt. Schließlich wird das Selbstwertgefühl eines Mobbingopfers ja erheblich demontiert. Das bedeutet aber, dass die betreffende Person vorher einigermaßen ausgeglichen war und erst durch den Ausgrenzungsprozess psychische und psychosomatische Symptome entwickelt hat. Dem stehen jedoch Untersuchungen entgegen, die schon im Vorfeld bestimmte Persönlichkeitseigenschaften wie eine erhöhte emotionale Instabilität und eine erhöhte Gewissenhaftigkeit bei den Mobbingopfern feststellen. Eine erhöhte emotionale Instabilität geht demnach mit mehr Ängstlichkeit und Unsicherheit einher, aber auch mit überdurchschnittlichen Gesundheitssorgen und geringerer Stressbewältigungskompetenz. Was aber kam zuerst – das Ei oder die Henne? Die Ängstlichkeit und Zurückhaltung, die zum Mobbing führte, weil sich die Person nicht entsprechend wehrte? Oder hat der Betroffene erst nach dem Mobbing Ängstlichkeit und Unsicherheit entwickelt, was natürlich begreifbar wäre?

> Einige Persönlichkeitseigenschaften erhöhen die Wahrscheinlichkeit, zum Mobbingopfer zu werden. Keinesfalls dürfen solche Erkenntnisse aber dazu führen, dass die Verantwortung für Mobbinghandlungen vom Täter zum Opfer verschoben wird.

Wer ist besonders gefährdet?

Risikofaktor Charaktereigenschaften

Personen, die sich in sozialen Situationen unsicher verhalten, Konflikte zu spät wahrnehmen und Konflikte vermeiden, laufen eher Gefahr, zum Mobbingopfer zu werden.

Dasselbe gilt für Menschen mit hoher Leistungsorientierung und/oder hoher Gewissenhaftigkeit, die mit geringer Flexibilität einhergeht. Oft stellen diese Menschen mit ihrem eigenen Verhalten dasjenige von Kollegen und Vorgesetzten direkt oder indirekt in Frage bzw. äußern berechtigte Kritik so, dass sie von Kollegen und Vorgesetzten nicht akzeptiert, sondern als persönlicher Angriff verstanden wird.

Auch ein verstärktes Gerechtigkeitsbewusstsein kann zu ungewöhnlich langen Kämpfen führen. Wo sich kluge Strategen schon längst zurückgezogen hätten, beharren Gerechtigkeitsfanatiker vielleicht auf ihrer Position und verbeißen sich in einen Kampf, den sie nicht gewinnen können. Man hört dann Redewendungen wie „Es geht mir ums Prinzip" oder „Ich will der Gegenseite nicht die Genugtuung verschaffen, gewonnen zu haben."

Beispiele: Erhöhte „Opfergefahr"?

Frau G. ist sehr gewissenhaft. Sie regt sich schnell auf, wenn ihre Kolleginnen nicht genauso ordentlich und übergenau arbeiten wie sie. Frau G.s Leistungsbereitschaft ist überdurchschnittlich. Sie gerät dadurch relativ schnell in eine Außenseiterposition in ihrer Abteilung und gilt als „Streberin". Als eine Kollegin einige Aufgaben mehrere Tage liegen lässt, kommt es zu einem heftigen Streit, bei dem schließlich der Abteilungsleiter einschreiten muss.

Frau K. wird seit einiger Zeit von einer Kollegin angegriffen. Der Streitpunkt sind Urlaubstage, über die man sich nicht einigen kann. Aus Prinzip und Gerechtigkeitsüberlegungen beharrt Frau K. auf ihrem Standpunkt. Auch nachdem eine Lösung angeboten wird, weicht sie nicht von ihrer ursprünglichen Überzeugung ab. Der Konflikt eskaliert.

Herr M. ist sehr leistungsstark und selbstbewusst. Er nimmt kein Blatt vor den Mund und legt sich auch mit Vorgesetzten an. Dabei ist er zum Teil rechthaberisch und dickköpfig. Oft widerspricht er seinem Abteilungsleiter. Einerseits scheint er Führungsstärke zu beweisen, andererseits fehlt es ihm an Kritikfähigkeit. So macht Herr M. sich langsam unbeliebt.

Natürlich ist es nicht auszuschließen, dass jemand, der am Arbeitsplatz häufiger in Konflikte gerät, in irgendeiner Form dazu beiträgt, Mobbingangriffe zu provozieren. Wer immer wieder in Schwierigkeiten gerät, kann aber natürlich auch durch negative Erfahrungen in der Vergangenheit so verunsichert worden sein, dass er sich deshalb übertrieben misstrauisch verhält und dadurch immer wieder neu aneckt – während jemand, der jahrzehntelang einen guten Ruf in einer Firma genoss, wohl kaum von heute auf morgen eine „Mobbingpersönlichkeit" entwickelt.

Risikofaktor Geschlechtszugehörigkeit und körperliche Eigenschaften

Es ist bekannt, dass Frauen in typischen Männerberufen Schwierigkeiten haben, sich Anerkennung zu verschaffen. Umgekehrt geht es Männern in typischen Frauenberufen nicht besser. Besonders oft werden auch Personen mit einer Behinderung oder einer auffälligen äußeren Erscheinung Opfer von Mobbing. Auch häufiges Kranksein oder Leistungsprobleme können die Gefahr von Mobbing erhöhen.

Beispiele: Öfter von Mobbing betroffen

Frau G. schielt sehr stark und hat eine Gehbehinderung. Sie ist deshalb zurückhaltend und unsicher. Als eine neue Kollegin ins Team kommt, entstehen Konflikte. Frau P. macht sich hinter Frau G.s Rücken lustig über sie und äfft sie vor den Kolleginnen nach.

Herr W. wollte immer schon Erzieher werden. Seine erste Stelle erhält er in einem Kindergarten, wo er der einzige Mann ist. Schon bald lassen ihn seine weiblichen Kolleginnen spüren, dass er dort unerwünscht ist. Nach einigen Wochen taucht das schlimme Gerücht auf, dass er pädophil sei. Herr W. lässt sich daraufhin krankschreiben.

Frau T. ist häufig krank. Die Zeiträume, in denen sie nicht zur Arbeit erscheint, werden immer länger. Die Kolleginnen müssen immer öfter ihre Arbeit mit übernehmen. Immer wenn man eine Vertretungskraft einstellen will, kommt Frau T. kurzfristig an ihren Arbeitsplatz zurück. Dann wiederholt sich die Situation. Zusätzlich beantragt Frau T. noch eine Kur. Nun kommt es zu heftigen Auseinandersetzungen mit dem Kollegium. Frau T. lässt sich daraufhin wieder krankschreiben und beschwert sich beim Betriebsrat, sie werde gemobbt.

Übersicht: Erhöhte Mobbinggefahr

- Persönlichkeitseigenschaften wie Ehrgeiz, Faulheit, Rücksichtslosigkeit, Konkurrenzstreben, Unsicherheit, Ängstlichkeit, Perfektionismus und Zwanghaftigkeit

- Häufiges Äußern von unerwünschter Kritik

- Eingeschränkte soziale Anpassungsfähigkeit (Teamfähigkeit)

- Auffällige äußere Erscheinung

- Außenseiterstatus in einer Gruppe (Hautfarbe, kulturelle oder nationale Identität, Geschlecht, Alter, Religion, sexuelle Identität)

- Männer in typischen Frauenberufen (z. B. Erzieher), Frauen in typischen Männerberufen (z. B. Bundeswehr)

- Krankheiten und Behinderungen

- Leistungsprobleme

Ursachen im Arbeitsumfeld

Die Arbeitswelt hat sich in den letzten Jahrzehnten stark verändert. In einem Klima der Unsicherheit sind Zukunftsängste an der Tagesordnung.

Veränderungen in der Arbeitswelt

Eine Karriere im Betrieb ist nicht mehr selbstverständlich, weil man keineswegs sicher sein kann, ob es die Firma in ein paar Jahren noch gibt. Betriebsaufspaltungen und Firmenfusionen führen zu immer schnelleren Veränderungen, eine Reorganisation oder Neustrukturierung löst Verteilungskämpfe aus. Befristete Arbeitsverhältnisse und der Einsatz von Leiharbeitern verändern die Beschäftigtenstruktur. Belegschaften wechseln ihre Zusammensetzung in immer kürzeren Abständen. Für den Prozess der betrieblichen Sozialisation bleibt damit immer weniger Zeit. Der erhöhte Druck, der auf der Arbeitswelt lastet, ist ein weiterer Nährboden für Mobbing.

Arbeitsbedingungen, die die Mobbinggefahr erhöhen

Ungünstige arbeitsorganisatorische Bedingungen führen zu einem schlechten Betriebsklima. Zusammen mit einer unsicheren wirtschaftlichen Situation bereitet dies wiederum den Boden für Mobbing. Umgekehrt kann ein schlechtes Betriebsklima natürlich auch die Folge von Mobbing sein, das in einem Betrieb mit ansonsten überwiegend guten Arbeitsbedingungen auftritt.

Welche spezifischen Arbeitsbedingungen erhöhen die Gefahr von Mobbing in einer Firma?

- Betriebspsychologen rechnen bei einem Großbetrieb mit einem Sozialisationszeitraum von ungefähr fünf Jahren. In dieser Zeit kann man sich an Schwächen und Eigenheiten eines Kollegen gewöhnen und lernen, sie zu akzeptieren. Wenn diese Zeit nicht zur Verfügung steht, entladen sich mögliche Ängste und Aggressionen auf der persönlichen Ebene.

- Viele Berufstätige sehen keine Alternative zu ihrer aktuellen Beschäftigung und halten daher an ihr fest. Sie haben schlicht Existenzängste. Wenn eine schlechte Atmosphäre herrscht und die Solidarität und Unterstützung von Kollegen fehlt, breitet sich Frustration aus und es werden Schuldige und Sündenböcke gesucht.

- Hoher Zeitdruck und unklare Aufgabenzuteilung führen dazu, dass Konflikte nicht angesprochen werden können und auch nicht gelöst werden.

- Mängel in der Arbeitsorganisation bzw. unklare Verantwortungsbereiche bewirken, dass man Verantwortung negieren kann („Ich bin nicht zuständig") und Fehler auf andere abwälzt („Herr M. ist Schuld").

- Führungskräfte sind im Umgang mit Konflikten oft nicht geschult und zum Teil überfordert. Mit der Übernahme einer Führungsposition sind nicht automatisch auch Kenntnisse in Menschenführung, Teamleitung und der optimalen Zusammensetzung von Arbeitsgruppen verbunden. Defizite im Führungsverhalten gelten als eine der Ursachen für das Entstehen von Mobbing.

- Eine weitere häufig genannte Ursache ist die fehlende Transparenz von Entscheidungen. Das geschieht nicht immer absichtlich. Oft können Personen im mittleren Management den Informations- und Veränderungswünschen der Beschäftigten gar nicht nachkommen, weil sie selbst nicht ausreichend informiert sind oder nur eingeschränkte Einflussmöglichkeiten haben. Es entsteht die sprichwörtliche „Sandwichposition".

Mobbing als Kündigungsstrategie

Es ist kein Geheimnis, dass Mobbing auch als Instrument zum Personalabbau genutzt wird. In diesem Fall wird es von der betreffenden Unternehmungsleitung geduldet, auch wenn dies schon aus rechtlichen Gründen niemals zugegeben würde.

Ältere Arbeitnehmer

Schätzungen besagen, dass nur ca. 50 % aller deutschen Unternehmen Mitarbeiter über 50 Jahren beschäftigen. Es gibt in der Tagespresse zahlreiche Berichte über Menschen, die „zu alt" und „zu teuer" für ein Unternehmen geworden sind. Wenn jemand jahrzehntelang gute Arbeit geleistet hat und es auf einmal seinem Vorgesetzten nicht mehr recht machen kann, sollte man also hellhörig werden, denn es könnte ein solcher Fall vorliegen. Es ist jedoch oft schwierig, dies zweifelsfrei festzustellen, denn die Belastbarkeit des Mitarbeiters könnte mit höherem Lebensalter tatsächlich abgenommen haben.

Beispiel: Mobbing von oben?

 Herr R. ist inzwischen 55 Jahre alt und damit der älteste Mitarbeiter in seiner Abteilung. Die jüngeren Kollegen können allesamt schneller als er mit dem Computer umgehen. Einige neue Aufgaben scheinen Herr R. zu überfordern. Für Außendiensteinsätze meldet er sich nur selten. Das überlässt er den Jüngeren. Er vertraut auf seine lange Berufs- und Lebenserfahrung, die ihm als unersetzlich und für die Firma sehr wichtig erscheint. Die jüngeren Mitarbeiter können seiner Meinung nach viel von ihm lernen. Umso mehr wundert sich Herr R., als ihm sein Vorgesetzter eine Abfindung anbietet und ihm Altersteilzeit vorschlägt.

Schwer loszuwerden?

Anstatt teure Abfindungen zu zahlen oder die Sozialverträglichkeit einer betrieblichen Kündigung zu prüfen, kann es vorkommen, dass ein Unternehmen auch andere Möglichkeiten prüft, einen Mitarbeiter loszuwerden. Dabei lohnt ein Blick auf die Perspektive der Firmenleitung. Wirtschaftsunternehmen stehen durch konkurrierende Firmen und Globalisierung unter Wettbewerbsdruck. Kosten müssen gesenkt werden, um auf dem Markt zu bestehen. Diesen Druck geben Vorgesetzte an ihre Mitarbeiter weiter. Das berechtigt sie natürlich nicht zu Mobbinghandlungen. Oft sind es gerade die rechtlichen Schutzmechanismen, die das Mobbing herausfordern. Denn jemand, der weitgehend unkündbar ist, eine lange Betriebszugehörigkeit aufweist und vielleicht noch schwerbehindert ist, kann man scheinbar gar nicht anders los werden als durch verstärkten Druck. Dies ist ein Paradox. Natürlich beruft sich der Betroffene auf seine Rechte und rechnet sich seine Chancen aus, woanders eine gleichwertige Stelle zu finden. Je schlechter er diese Chancen einschätzt, desto mehr hält das Mobbingopfer an seiner Stelle fest, was wiederum der Gegenseite keine andere Wahl lässt, als schärfere Geschütze aufzufahren.

> Wenn sich das Mobbing gegen mehrere Personen richtet, die einer bestimmten Altersgruppe angehören, einen „alten", mit guten Leistungen ausgestatteten Vertrag innehaben oder zu einer bestimmten, langjährig bestehenden Abteilung gehören, ist die Wahrscheinlichkeit hoch, dass man die Betroffenen loswerden möchte.

Gesellschaftliche Ursachen

Mobbing lässt sich aber nicht nur auf persönliche Faktoren und die Arbeitssituation zurückführen. Auch gesellschaftliche Rahmenbedingungen ermöglichen Mobbing.

Vereinzelung und Entwurzelung

Soziologen sprechen vom Zerfall familiärer und gemeinschaftlicher Bindungen. Ein anderes Stichwort ist die „Versingelung" der Gesellschaft. In den letzten Jahren hat sich ein selbstbezogener Lebensstil entwickelt, der mit zunehmender Angst vor persönlichen Bindungen einhergeht. Es kam zu einem Wertewandel, wobei Arbeit zur höchsten Befriedigungsquelle aufstieg. Wenn sich die Wirtschaftslage verschlechtert und sich Angst vor Arbeitslosigkeit breitmacht, werden schlechte Arbeitsbedingungen immer mehr akzeptiert. Eine sichere Lebensplanung scheint für die Jüngeren kaum noch möglich, weshalb es wieder weniger Familien gibt. Die Mehrfachbelastung und Rollenkonflikte von Frauen, die Beruf und Familie vereinbaren wollen, kommen hinzu. Weiterhin beobachten wir die wachsende Komplexität des modernen Lebens mit zunehmender Abhängigkeit von Maschinen und Spezialisten und immer neuen Technologien. Scheinbar kann man nur noch Teilbereiche des Lebens bewältigen und bestimmen. Die Zahl der bürokratischen Vorschriften steigt. Zusätzlich wird eine erhöhte Mobilität erwartet (Entlokalisierung), also die Bereitschaft, für einen Arbeitsplatz ggf. an einen Ort zu ziehen, der weit vom eigenen sozialen Netz entfernt liegt.

Zusammenhang zum Mobbing

Nun sind aber gerade traditionelle Unterstützungssysteme wie Familie, Partner, Freundeskreis, Verein oder Gemeinde das beste Mittel zur Bekämpfung von Mobbing, weil sie eine natürliche Schutzzone bilden. Wenn diese Schutzzone entfällt, ist der Betroffene unter Umständen angreifbarer, sensibler und verunsicherter. Umgekehrt können potenzielle Täter angesichts fehlender sozialer Kontrolle tendenziell aggressiver vorgehen. Wer grundlegende gesellschaftliche Werte wie Solidarität, Zusammenarbeit und gegenseitige Hilfe nicht kennengelernt hat, sondern meint, dass nur durchsetzungsfähige Menschen ihre Ziele erreichen, wird wenig Rücksicht auf andere nehmen.

Beispiel:

> Frau O. befindet sich in einer schwierigen Lebenssituation. Sie hat wenig finanzielle Möglichkeiten und lebt allein. Aus beruflichen Gründen musste sie ihre Heimatstadt verlassen und hat dadurch ihr vertrautes soziales Umfeld verloren. Auf der Arbeit gerät sie immer mehr unter Druck. Sie muss sich aber vieles gefallen lassen, weil sie auf den Job angewiesen ist. Gerne würde sie sich Unterstützung suchen oder sich einfach einmal aussprechen, aber sie kennt kaum jemanden in der fremden Stadt und sie möchte andere Leute auch nicht mit ihren Problemen belästigen.

Die Charakterstruktur und Motive der Mobber

Was sind die Persönlichkeitseigenschaften eines Mobbers? Gibt es so etwas wie eine typische Persönlichkeitskonstante? Und warum handelt er so?

Mobbing zur eigenen Aufwertung (Narzissmus)

Eine Theorie lautet, dass Mobber ein labiles Selbstwertgefühl haben und leicht kränkbar sind. Man nennt diese Charaktereigenschaft Narzissmus. Einerseits müssen diese Menschen ihr instabiles Selbstwertgefühl dadurch stabilisieren, dass sie andere Menschen erniedrigen, andererseits teilen sie gerne aus, ohne die entsprechende Empathie und das notwendige Feingefühl aufzubringen.

Mobbing zur eigenen Entlastung

Ein Phänomen, das Soziologen schon lange beschäftigt, ist das des Sündenbocks: Bei Spannungen in einer Gruppe dient ein Gruppenmitglied als Projektionsfläche für eigene Schwächen und Fehler. Es wird jemand gesucht, der als Schuldiger gelten kann und bestraft wird. Dies lenkt von der eigenen Unfähigkeit ab und richtet die Aufmerksamkeit auf jemand anderen, der für die begangenen Fehler angeblich verantwortlich ist. Ähnlich gelagert ist eine andere Verhaltensweise, die darin besteht, sich jemanden als Blitzableiter zu suchen, um z. B. Wut und Frustration abzulassen. Naturgemäß ist das Ziel solcher Ausbrüche ein schwächeres Mitglied innerhalb der Hierarchie.

Mobbing, um Macht auszuüben

Warum haben manche Menschen ein Machtproblem? Neben dem bereits erwähnten Streben des Narzissten nach Selbstaufwertung ist auch die Bestrafung ein mögliches Mobbingmotiv – wenn man z. B sein Gesicht verloren hat und diese Kränkung jemandem „heimzahlen" will oder wenn ein Kollege Arbeit liegen gelassen hat und man sich dafür rächen möchte. Auch die Angst um die eigene Position spielt eine Rolle im täglichen Konkurrenzkampf. Wenn im Zuge einer Umstrukturierung die eigene Position gefährdet ist, wird man sie unter Umständen auch mit unfairen Mitteln zu behaupten suchen. All diese Motive haben direkt und indirekt mit dem Willen zur Macht zu tun. Macht ist nicht immer nur der simple Ausdruck eines Wunsches nach Herrschaft.

Mobbing, um unliebsame Kollegen loszuwerden

Ein Mitarbeiter soll zwar möglichst leistungsstark sein. Wenn er aber außergewöhnlich gute Leistungen zeigt und als Überflieger erscheint, können sich die Kollegen bedroht sehen: Sie empfinden Neid und Eifersucht. Auch kann zwischen zwei Menschen einfach die Chemie nicht stimmen. Obwohl die Professionalität gebietet, keine persönlichen Differenzen in das Arbeitsleben hineinzutragen, können sich die wenigsten von derartigen Antipathien gänzlich frei machen. Das Mobbingmotiv „Ihre Nase gefällt mir nicht" ist eines der simpelsten und ältesten. Ein weiteres Motiv aus dieser Kategorie ist der „Auftragsmord": Egal warum ein Kollege sich unbeliebt gemacht hat, er soll einfach weg. Wenn es von oben angeordnet wurde, dann führt der Mobber einfach unreflektiert einen Befehl aus.

Vorgesetzte als Täter

Wir erinnern uns: In 38 % der Fälle sind Vorgesetzte die Täter. Erinnern wir uns auch an die in der Mobbingdefinition genannten Kriterien. Eins davon besagt, dass der Gemobbte sich in einer unterlegenen Position befindet (sei es von Anfang an oder im Zeitverlauf). Dies bedeutet, dass der Gemobbte weniger Möglichkeiten als andere zur Verfügung hat, sich vor Angriffen zu schützen, und sich folglich schlechter wehren kann. Insofern muss es sich bei dem Mobber also nicht einmal um einen Vorgesetzten handeln, der in der Unternehmenshierarchie wesentlich höher steht. Es kann auch ein Kollege sein, der zwar formal auf derselben Hierarchieebene steht, aber aus anderen Gründen eine bevorzugte Position innehat und somit eine inoffizielle Führungsmacht für sich beansprucht. Folgende Ursachen für Mobbing aus der Führungsperspektive sind zu unterscheiden:

- Führungskräfte können unsicher sein und Angst vor Autoritätsverlust haben. Sie glauben vielleicht, dass sie Faulheit bei ihren Mitarbeitern mit Strenge unterbinden oder ihre Mitarbeiter ganz allgemein mit Druck disziplinieren müssten.

- Sie nutzen womöglich ihre hierarchische Position aus, um jemanden loszuwerden, dessen Nase ihnen nicht passt.

- Sie können mitunter einfach Spaß daran haben, Mitarbeiter zu drangsalieren.

- Führungskräfte geben bisweilen auch nur Befehle von oben weiter bzw. führen sie aus. Soll z.B. eine Abteilung geschlossen oder umstrukturiert werden, kommt die Anweisung, sich einiger Mitarbeiter zu entledigen, vielleicht unmittelbar von der Geschäftsführung.

Ist aber das Einfordern von Disziplin und das Ausüben von Druck nicht etwas, das zu den Aufgaben jeder Führungskraft gehört? Ist jede Art von Kritik schon als Mobbing zu betrachten und dürfen Vorgesetzte nun überhaupt nichts mehr? Wenn ein Unternehmen in wirtschaftlichen Schwierigkeiten steckt, müssen die Führungskräfte dann nicht automatisch die Zügel anziehen? Das alles gilt es abzuwägen. Auch die obige Definition von lang anhaltendem Mobbing ist in diesen Fällen nicht immer erfüllt. Wie immer muss der Betroffene seine Situation genau analysieren und versuchen zu erkennen, ob in den vermeintlichen Mobbinghandlungen tatsächlich Schikane und Systematik zu erkennen ist.

Mobbing von unten

Es kann aber auch umgekehrt laufen: Untergebene schließen sich zusammen und stellen sich gegen Vorgesetzte – ein Fall von innerbetrieblicher Meuterei. Was treibt sie an? Vielleicht ist man selbst erpicht auf einen Führungsposten und will den unliebsamen Konkurrenten ausschalten. Ein anderer Vorgesetzter wird wegen seiner scheinbar arroganten und ungerechten Wesensart angegriffen. Und schließlich soll ein Vorgesetzter gestürzt werden, der einer Belegschaft von oben vorgesetzt wurde, obwohl sie einen anderen Favoriten hatte. Ein Vorgesetzter kann auch ungeschickt und unsicher agieren. Er kommt vielleicht geradewegs von der Universität und hat wenig praktische Erfahrung.

Unter Kollegen

Wie sieht es unter gleichgestellten Mobbern auf derselben Dienstebene aus? Auch hier können wieder Spaß am Drangsalieren und am Missbrauch von Macht im Spiel sein. Jemand, der ohnehin schon schwach ist, sucht sich einen noch schwächeren Gegner, um sich selbst zu erheben. Das unbedeutende Licht fühlt sich dadurch aufgewertet, dass es sich auf ein sozial schwächeres Mitglied stürzt oder auf jemanden, der in irgendeiner Weise „anders" ist (durch Behinderung, Rasse,

Geschlecht, Religion, Gewohnheiten usw.), und diesen mobbt. Folgende Motive können eine Rolle spielen:

- Mobbing kann ein Ventil sein für Frustration und Unzufriedenheit mit der eigenen Lebenssituation. Der Mobber lässt seinen Frust an jemand anderem aus.

- Es kann sich um nachtragende Rache für eine vermeintliche (oder echte) Niederlage handeln oder Ausdruck der Tatsache sein, dass man einfach jemanden nicht leiden kann.

- Es soll jemand an eine Gruppennorm angepasst werden. Abweichler kann man nicht gebrauchen.

- Es kann sich auch einfach nur um Mitläufertum handeln, d.h. um den Wunsch, zu den „Starken" dazuzugehören.

- Die Angst, der Kollege oder die Kollegin könnten einen vom jetzigen Arbeitsplatz verdrängen, kann Kollegen leiten. Durch das Mobbing soll der Konkurrent vertrieben werden.

- Weiterhin können Ärger und Neid auf einen Kollegen bestehen, der scheinbar bevorzugt wird, besser aussieht oder scheinbar bessere Leistungen erbringt.

- Ein Klassiker sind Angriffe auf angebliche Drückeberger und häufig Kranke, deren Arbeit man ständig mit erledigen muss.

- Und zu guter Letzt gibt es noch Mobber, die so wenig Fingerspitzengefühl haben und so unsensibel sind, dass sie gar nicht merken, wenn sie ständig Leute kränken und beleidigen.

Faktoren beeinflussen sich gegenseitig

Es liegt immer ein Wechselspiel zwischen äußeren (den Rahmen betreffenden) und inneren (personenbedingten) Faktoren vor. Wenn der Rahmen ungünstig ist und Mobbing ermöglicht und außerdem entsprechende Persönlichkeitsfaktoren bei den Betroffenen hinzukommen, ist die Wahrscheinlichkeit für Mobbing deutlich erhöht. Jeder Fall ist natürlich anders gelagert und stellt eine Kombination der genannten Faktoren dar.

Beispiel:

Herr F. ist ein zurückhaltender Mensch. Er bemerkt Konflikte oft zu spät und versucht sie zu vermeiden. In der Arbeitsgruppe von Herrn F. kommt es oft zu Frustration und Neid. Die Gruppe sucht einen Sündenbock. Durch das schüchterne Auftreten von Herrn F. wird er oft zum Opfer von Ausgrenzung. Das Betriebsklima ist ohnehin schlechter geworden, seit die Firma von Herrn F. vor zwei Jahren verkauft wurde. In allen Abteilungen herrscht wenig sozialer Rückhalt. Herr F. ist bereits 54. Er befürchtet, keinen anderen adäquaten Arbeitsplatz mehr zu finden. Die Führungsetage zeigt wenig Unterstützung. Einer der Abteilungsleiter ist sehr leistungsorientiert und würde Herrn F. gerne loswerden und durch einen jüngeren Kollegen ersetzen. Die Anfeindungen in der eigenen Abteilung nehmen zu, und als der Vorgesetzte dies bemerkt, hat er einen Grund, Herrn F. psychisch unter Druck zu setzen.

Das Beispiel zeigt, wie es in der Praxis oft zugeht. Es kommen mehrere Faktoren zusammen – die Charakterstruktur von Herrn F. und seinen Kollegen, das Betriebsklima in Zeiten der Umstrukturierung mit erhöhter Unsicherheit und der Führungsstil von Herrn F.s Vorgesetzten. Das Zusammentreffen dieser Faktoren löst eine Negativspirale aus.

Ursachen von Mobbing

Von den ersten Anzeichen zum Psychoterror

Wie verläuft Mobbing eigentlich? Kommt es aus heiterem Himmel oder ist es vorhersehbar? Wie erklärt es sich, dass ein Mobbingprozess sich über durchschnittlich 18 Monate (teilweise sogar über drei Jahre) hinziehen kann, ohne dass er unterbunden wird? Es gibt dazu verschiedene Phasenmodelle, das bekannteste wird im Folgenden vorgestellt.

1.Die frühe Phase

Ein Konflikt, wie er im Kollegenkreis immer mal wieder auftritt, wird normalerweise beigelegt und geklärt. Bleibt er allerdings offen und unbearbeitet, kann er unterschwellig weiter wirken. Betroffen ist dann vor allem die Beziehungsebene und nicht mehr die Sachebene, d.h., die Stimmung unter den Kollegen ist gereizt oder irritiert, womöglich aber auch verunsichert oder ängstlich.

Beispiel:

Frau G. hat eine Meinungsverschiedenheit mit Frau M. darüber, wie ein bestimmtes Projekt sich entwickeln soll. Anfangs verläuft die Diskussion darüber noch sachlich, mit der Zeit schleichen sich aber auch spitze Bemerkungen bei Frau G. ein. Auch Frau M. wird schnippisch. Zunächst bemerken noch beide, dass ihre Meinungsverschiedenheit sich in eine ungute Richtung entwickelt. Mehrmals sucht Frau G. das Gespräch, um sich zu entschuldigen und wieder zu versöhnen. Leider werden die beiden oft unterbrochen und davon abgehalten, sich auszusprechen. In der Abteilung herrscht gerade viel Zeitdruck. Auch der Vorgesetzte der beiden interveniert nicht. Er findet, dass sie ihren Streit selbstständig untereinander regeln sollten. Er sei ja kein „Kindergärtner".

Der Konflikt ist nun personifiziert. Ein Teil der Arbeitszeit wird ab sofort darauf verwandt, den vermeintlichen Gegner zu provozieren, und erste Stresssymptome werden sichtbar. Die systematischen Angriffe beginnen.

Beispiel:

Inzwischen macht sich der Konflikt zwischen den beiden Mitarbeitern immer öfter in Teamsitzungen bemerkbar. Frau G. eröffnet die Mobbinghandlungen, indem sie Frau M. systematisch unterbricht und sie häufig vor versammelter Mannschaft kritisiert. Frau M. kontert daraufhin mit Angriffen auf das soziale Ansehen von Frau G. Sie streut hinter ihrem Rücken Gerüchte über ihre Belastbarkeit, über eine vermeintliche psychische Störung und über ihr angebliches Übergewicht. Der zunehmende Stress macht sich bemerkbar. Frau G. leidet inzwischen unter Schlafstörungen.

2.Mittlere Phase: Die Eskalation

Die gemobbte Person ist nun mehr und mehr isoliert. Sie ist verunsichert und macht Fehler. Diese Fehler liefern wiederum die Begründung für weitere Ausgrenzung. Nun sind auch Arbeitsabläufe gestört und Vorgesetzte werden eingeschaltet. Der Konflikt hat sich inzwischen herumgesprochen. Der Betroffene gilt als problematischer Mitarbeiter. Es wird über Versetzungen nachgedacht. Womöglich greift der Arbeitgeber zu arbeitsrechtlichen Maßnahmen.

Beispiel:

Frau M. ist mit ihrer Strategie erfolgreicher. Mehr und mehr Teammitglieder wenden sich von Frau G. ab. Während Frau G. vorher noch einige Verbündete hatte, leidet inzwischen die Arbeitsleistung des gesamten Teams. Das Klima in der Abteilung ist belastet. Frau G. scheint schuld zu sein. Der Abteilungsleiter Herr Z. kann nun nicht mehr abwarten und versucht ein klärendes Gespräch mit den Betroffenen zu führen. Scheinbar herrscht danach vorübergehend Ruhe. In Wirklichkeit verlagern sich die Mobbinghandlungen aber nur unter die Oberfläche. Schließlich verschwinden wichtige Daten von der Festplatte von Frau G. Sie kann dadurch einen wichtigen Auftrag nicht rechtzeitig fertigstellen. Nach heftiger Kritik durch Herrn Z. lässt sie sich krankschreiben.

3.Die letzte Phase: Der Ausschluss

Entweder ist der Betroffene jetzt im Betrieb kaltgestellt, krankgeschrieben, gekündigt, abgefunden oder früh verrentet. Vielleicht führt er auch eine gerichtliche Auseinandersetzung mit dem Arbeitgeber, die die Fronten weiter verhärtet. Eine Umkehr des Prozesses ist nicht mehr möglich.

Beispiel:

 Es folgt eine Reihe von Abmahnungen gegen Frau G. Zunächst kann sie diese mithilfe eines Anwaltes und durch Einschalten des Betriebsrates noch abwenden. Frau G. wird in eine andere Abteilung versetzt. Der monatelange Prozess hat inzwischen Spuren hinterlassen. Häufige Krankschreibungen führen zu immer mehr Missmut im Kollegenkreis. Niemand will Frau G. mehr „mit durchziehen". Der Widerstand wächst. Im Rahmen einer Kur beschließt Frau G. ihre Stelle aufzugeben und einen Auflösungsvertrag zu akzeptieren.

Beispielhafter Verlauf von Mobbing

Nicht immer alle Phasen

Laut Mobbing-Report werden nicht immer alle beschriebenen Phasen durchlaufen. Trotzdem hat man es mit Mobbing zu tun. Das Phasenmodell bietet also nur eine ungefähre Orientierung. Gut ein Viertel der Befragten gab an, die erste Phase, die von einem ungelösten Konflikt gekennzeichnet ist, gar nicht erlebt zu haben. Das kann einerseits bedeuten, dass aus heiterem Himmel heraus mit den Mobbinghandlungen begonnen wurde, ohne dass ein ungelöster Konflikt vorgelegen hätte. Andererseits könnten die Betroffenen die Frühphase einfach nicht bemerkt haben. Mobbinghandlungen sind oft versteckt und indirekt, werden also zunächst nicht wahrgenommen.

Beunruhigend ist auch, dass ca. sechs von zehn Befragten sämtliche Phasen durchlaufen mussten, bevor der Mobbingprozess ein Ende fand. Mehr als die Hälfte war also allen Eskalationsstufen ausgesetzt und erlebte somit auch die gravierenden Folgen, wie etwa arbeitsrechtliche Schritte (z. B. Kündigung) und längerfristige Krankschreibungen.

Wie wirkt sich Mobbing aus?

Nicht nur das Mobbingopfer leidet. Der Kollateralschaden ist groß: Die Kollegen, die Abteilung, der Betrieb und die Familie sind direkt und indirekt mitbetroffen. Im Krankheitsfall werden medizinische und psychologische Behandlungen erforderlich. Im ungünstigsten Fall müssen Juristen eingeschaltet werden und es kann zum Arbeitsplatzverlust kommen.

Wie Mobbing krank macht

Je nachdem, wie lange und wie intensiv die Mobbinghandlungen auf den Betroffenen einwirken, und je nachdem, wie
gut oder schlecht sich jemand zur Wehr setzen kann, entwickeln sich früher oder später seelische und körperliche
Symptome. Wenn man Mobbingopfer danach befragt, von
welchen gesundheitlichen Auswirkungen sie betroffen sind,
geben mehr als zwei Drittel an, demotiviert worden zu sein
und mit erhöhtem Misstrauen zu reagieren. Über 50 % berichten über Konzentrationsmängel sowie Leistungs- und
Denkblockaden. Hinzu kommen Angstzustände, Selbstzweifel
und Rückzugsverhalten. In einem Viertel der Fälle treten
Schuld- und Schamgefühle auf.

Die beschriebenen Einschränkungen führen unweigerlich zu
Zuspitzungen: Bedingt durch die Ängste, Konzentrationsstö-
rungen und Schuldgefühle werden vermehrt Fehler begangen.
Diese Fehler werden einem wiederum zum Vorwurf gemacht
und das führt zu weiterer Verunsicherung und erneuten
Selbstzweifeln. Wer an sich selbst zweifelt, erwartet auch,
mehr Fehler zu machen, usw. Ein Fachbegriff für diesen
Prozess lautet „Negativspirale".

Früher oder später kommt es zur Krankschreibung. Laut Mobbing-Report nutzen rund 44 % aller Betroffenen diesen Ausweg, davon die Hälfte für mehr als sechs Wochen! Die
Dunkelziffer ist hoch. Aus Angst um den Arbeitsplatz und vor
weiteren Schikanen trauen sich viele Betroffene nicht, zum
Arzt zu gehen. Viele Opfer schämen sich auch und wollen
nicht als Versager gelten. Eine Krankschreibung ist aus Sicht

der Betroffenen auch ein Zeichen der Niederlage und ein Signal an den Mobber, dass er gewonnen hat. Nicht krankgeschrieben zu sein, heißt also noch lange nicht, dass man gesund ist und das Mobbing gut bewältigt.

Welche Symptome treten auf?

Zu den Krankheitsbildern, die auf das Mobbing zurückgeführt werden, gehören:

- Schlafstörungen
- Kopfschmerzen
- Migräne
- Rückenschmerzen
- Verdauungsprobleme
- Herz-Kreislauf-Beschwerden
- Depressionen
- Ängste
- Gereiztheit und erhöhte Aggressivität
- Posttraumatisches Stresssyndrom
- Verzweiflung und Selbstmordgedanken

Die Symptome können unspezifisch (z.B. Schlafstörungen und Kopfschmerzen) oder auch spezifisch ausfallen (z.B. Ängste und Depressionen). Die gesundheitlichen Folgen sind umso intensiver, je häufiger die Attacken auftreten. Bei täglichem Mobbing erkranken über 50 %, bei Mobbing mehrmals im Monat ca. 30 % der Opfer. Mit zunehmender Dauer steigt erwartungsgemäß die Intensität der Auswirkungen. Der Eintritt gesundheitlicher Folgen ist durch die gängigen stresstheoretischen Modelle erklärbar. Mobbing geht allerdings über den alltäglichen Stress bei der Arbeit weit hinaus. Die Auswirkungen machen sich auf fünf Ebenen bemerkbar:

- **Kognitiv/mental:** Auf der kognitiven Ebene kommt es zu Konzentrations- und Aufmerksamkeitsstörungen. Die Opfer beschäftigen sich ständig mit den belastenden Ereignissen. Es entsteht sogenanntes „Gedankenkreisen".

- **Emotional:** Hier kommt es zu depressiven Symptomen wie Hilflosigkeit, Misstrauen, Verlust des Selbstwertgefühls, Scham- und Schuldgefühlen oder Gereiztheit.

- **Vegetativ:** Auf der hormonell-vegetativen Ebene kommt es zur vermehrten Ausschüttung von Stresshormonen über die Nebenniere. So erklärt man sich u.a. die Zunahme der psychosomatischen Beschwerden.

- **Muskulär:** Hier kommt es zu vermehrter Anspannung, Schmerzen und schnellerer Ermüdung.

- **Verhalten:** Am häufigsten kommt es zu Rückzug und Resignation. Im ungünstigsten Fall versucht man mit Medikamenten (Doping) oder Alkohol die Anspannung abzubauen.

Die verschiedenen Ebenen überlappen sich natürlich und sind schwer voneinander abzugrenzen. Die Beschwerden kumulieren irgendwann in einem für die Person individuellen Muster. Jeder Mensch hat sozusagen eine andere Schwachstelle, an der sich die gesundheitlichen Probleme bemerkbar machen.

Die Arbeitssituation der Betroffenen

Die gesamte Arbeitssituation ist mit der Zeit äußerst belastend. Der von Mobbing Betroffene muss einen Großteil seiner Energie dafür aufwenden, sich zu schützen und zu wehren. Diese Kraft steht dann nicht mehr für die Arbeit zur Verfügung. Häufige Folgen für die Betroffenen sind Versetzung oder sogar Kündigung. Zum Teil räumt das Mobbingopfer selbst das Feld, indem es einen Versetzungsantrag stellt oder kündigt, zum Teil prescht hier der Arbeitgeber vor. Eine Versetzung kann zu einem glücklicheren Neuanfang führen, sie muss es aber nicht. Wenn die neue Abteilung dem Versetzten gegenüber skeptisch und zurückhaltend ist, setzt sich der Mobbingprozess womöglich weiter fort. Entsprechend groß ist die Angst von Betroffenen, vom Regen in die Traufe zu kommen.

Häufig kommt es zu Abmahnungen und Kündigungsandrohungen. Da Kündigungen lange Arbeitsgerichtsprozesse nach sich ziehen können, einigt man sich oft auf einen Auflösungsvertrag. Vorübergehende Arbeitslosigkeit ist häufig die Folge. Zu den ursprünglichen Mobbinghandlungen kommen also im Verlauf meist noch arbeitsrechtliche Auswirkungen hinzu.

Wie die Familie und das private Umfeld leiden

Mit der Zeit wird der berufliche Konflikt zunehmend ins Privatleben hineingetragen und dominiert dieses. Das Familienleben leidet und die Freizeitaktivitäten werden reduziert:

- Zunächst stehen einem Angehörige und Freunde noch zur Seite. Irgendwann möchten sie über die belastenden Ereignisse aber auch nichts mehr hören. Wenn der Betroffene ständig mit seinen Gedanken um das eine Thema kreist, wendet sich das Umfeld bald genervt ab – zumal die nahestehenden Personen oft nichts tun können, als Trost zu spenden und ein offenes Ohr zu haben.

- Dadurch, dass der Betroffene leidet, ist er wahrscheinlich unausgeglichen und vielleicht gereizt oder verhält sich ungerecht. Womöglich verliert er schon bei Kleinigkeiten die Beherrschung.

- Die Partnerschaft ist belastet. Die gedrückte oder gereizte Stimmung kann zu Ehestreitigkeiten führen. Der Betroffene kann sich nicht mehr zu gemeinsamen Aktivitäten in der Freizeit aufraffen.

- Wenn jemand lange krankgeschrieben ist, fällt er dem Rest der Familie vielleicht zur Last. Das nagt wiederum am Selbstwertgefühl.

- Die drohende Arbeitslosigkeit schränkt die Familie in ihren finanziellen Möglichkeiten ein.

- Die Schilderungen der belastenden Arbeitsplatzsituation verängstigen auch die anderen Familienmitglieder und machen sie hilflos.

- Die Rückzugstendenzen des Opfers führen zu allgemeiner Lustlosigkeit. Der Sportverein oder das Ehrenamt werden aufgegeben.

- Das Aufsuchen von Hilfsmöglichkeiten (Ärzte, Psychologen, Juristen, Beratungsstellen) kostet Zeit und Geld.

Wie Mobbing dem Unternehmen schadet

Nicht nur das Opfer trägt Schaden davon, auch für das Unternehmen ergeben sich negative Folgen.

- Sowohl der Täter als auch das Opfer müssen ständig Energie auf Angriffe beziehungsweise deren Abwehr verwenden. Es liegt auf der Hand, dass dadurch die Arbeitsleistung und Produktivität leidet.

- Wegen der häufigen Krankschreibungen kommt es zu längeren Fehlzeiten, die durch Kollegen aufgefangen werden müssen. Dadurch sinkt die Qualität der Arbeit. Das belastet wiederum das Klima in der Abteilung.

- Eine hohe Personalfluktuation durch Kündigungen und Versetzungen führt darüber hinaus zu instabilen Verhältnissen in einer Abteilung. Durch die häufig wechselnde Belegschaftszusammensetzung kommt es zwangsläufig zu arbeitsorganisatorischen Problemen wie z. B. ungenügender Informationsweitergabe. Qualifizierte und eingearbeitete Fachkräfte sind schwer zu ersetzen. So sinkt das Know-how in einer Abteilung.

- Die schlechte Stimmung nimmt zu, und Phänomene wie „innere Kündigung" und „Dienst nach Vorschrift" ziehen erneute arbeitsrechtliche Schritte wie Abmahnungen und Drohungen nach sich.

- Schließlich leidet auch das Image einer Firma und ihr Ansehen in der Öffentlichkeit. Die Spirale dreht sich also weiter und weiter ...

Die Kosten, die durch Arbeitszeitausfälle für die Unternehmen entstehen, gehen Hochrechnungen zufolge in die Milliarden. Solche Hochrechnungen sind natürlich fraglich, weil durch Mobbing direkte und indirekte Kosten verursacht werden, die schwer zu erfassen sind. Wenn Mobbing wirklich so teuer für Unternehmen wäre, dürfte ja eigentlich niemand mehr mobben. Da es trotzdem geschieht, muss es sich wohl unter dem Strich doch noch rechnen, entgegnen Kritiker.

Folgen für die Gesellschaft

Die Folgen von Mobbing beschränken sich aber nicht auf die Unternehmenswelt, sondern die ganze Solidargesellschaft bekommt die Auswirkungen zu spüren und muss sie mittragen. Neben den betrieblichen Kosten entstehen höhere Sozialversicherungs-, Renten- und Krankenkassenbeiträge aufgrund von Frühverrentungen, Dauerarbeitslosigkeit, Heilbehandlungen, Rehabilitationskuren und steigenden ambulanten Behandlungskosten. So werden indirekt auch die öffentlichen Haushalte von Bund, Ländern und Gemeinden belastet.

Ein weiterer Aspekt ist jener der Entsolidarisierung: Durch Arbeitsverdichtung, Zeitdruck und Stellenstreichungen entsteht das schon weiter oben beschriebene Klima eines immer härteren Konkurrenzkampfes. Der angesprochene Wertewandel führt zu weniger sozialem Miteinander und abnehmender Solidarität. Auf diesem Nährboden kann Mobbing wiederum gut gedeihen, weil es als gesellschaftliche Realität einer Ellenbogengesellschaft akzeptiert wird.

Auf einen Blick: Wie Mobbing entsteht

- Mobbing verläuft in Phasen: Konflikt – Mobbinghandlungen – Eskalation – Ausschluss.

- Oft beruht Mobbing nicht nur auf einer einzelnen Ursache, sondern vielmehr auf einer unglücklichen Reihung von äußeren und inneren Faktoren.

- Mobbing kann zu psychischen und psychosomatischen Beschwerden führen. Beispiele sind Schlafstörungen und Ängste.

- Im Verlauf kann sich auch eine verminderte Belastbarkeit entwickeln, die eventuell weitere Konflikte nach sich zieht.

- In der Firma kann es zu Abmahnungen, Krankschreibungen, Versetzungen und Kündigungen kommen.

- Der Konflikt auf der Arbeit wird zwangsläufig ins Privatleben hineingetragen und führt dort zu zusätzlichen Belastungen.

- Krankschreibungen und Versetzungen belasten die Arbeitsabläufe und das Betriebsklima.

- Die Gesellschaft muss Folgekosten tragen, wie medizinische Behandlungen, Rehabilitationsbehandlungen (Kuren) sowie psychologische Therapien. Hinzu kommen Kosten für die Sozialkassen, z.B. im Fall einer Berentung.

Wie kann man sich selbst helfen?

Die gute Nachricht ist: Es gibt die unterschiedlichsten – und in der Praxis erprobten – Maßnahmen, mit denen Betroffene gegen Mobbing vorgehen können.

In diesem Kapitel lesen Sie,

- wie ein Anti-Mobbing-Fahrplan aussehen kann,
- wie Sie den Stress besser bewältigen,
- was Sie beachten sollten, wenn Sie den Täter direkt konfrontieren,
- wie Sie vorgehen, wenn Sie den Vorgesetzten oder die Interessensvertretung einschalten,
- was Sie beachten sollten, wenn Sie sich psychologische und rechtliche Hilfe holen.

Allgemeine Bewältigungsformen und Strategien

Es gibt drei Hauptstrategien, die man verfolgen kann, um sich gegen Mobbing zu wehren. Diese führen einzeln oder in Kombination angewandt zum Erfolg:

- Grenzen setzen
- Objektive Veränderung der Arbeitsplatzsituation
- Persönliche Stabilisierung

Grenzen setzen durch Aussprache und Klärung

Eine wichtige Empfehlung für Mobbingopfer lautet, nicht zu lange mit einer Reaktion zu warten. Vielmehr sollte man rechtzeitig klare Grenzen aufzeigen, sich zur Wehr setzen und versuchen, klärende Gespräche zu führen. Allerdings gilt es, auch die Situation realistisch einzuschätzen, um nicht auf verlorenem Posten zu kämpfen. Die Mehrheit aller Mobbingopfer bemüht sich tatsächlich zunächst um eine Aussprache und über die Hälfte setzt sich sprachlich zur Wehr. Fast jeder Zweite fragt nach den Gründen für die Angriffe und jeder Dritte macht sogar Vorschläge zur Lösung der Konfliktsituation. Es ist also keineswegs so, dass die Opfer passiv bleiben, alles über sich ergehen lassen und völlig hilflos reagieren.

Nur etwa jeder Zehnte wehrt sich nicht. Die Gründe für solches Verhalten sind bekannt: Er oder sie schätzen ihre Situation als hoffnungslos ein, rechnen sich keine Chancen aus, werden nicht durch Dritte unterstützt und haben Angst um ihren Arbeitsplatz. Einige wenige befürchten sogar verstärktes Mobbing, sollten sie Widerstand leisten. Sind die beschriebenen direkten Gegenmaßnahmen nun aber erfolgreich? Leider zumeist nicht. Es würde auch der Natur von Mobbing widersprechen, ließe sich der Konflikt „sachlich" klären. Nur jeder Zehnte hat Erfolg mit einer direkten Konfrontation. Der Rest gibt an, dass Klärungsversuche blockiert und unterdrückt worden seien. Das bedeutet aber nicht, dass man auf diesen Versuch der Konfliktlösung verzichten sollte.

Wer sich wenig davon verspricht, den Konflikt anzusprechen, versucht es vielleicht mit Verdrängung und Ablenkung (vor allem durch Arbeit). Sofern möglich, kann man auch versuchen, dem Mobber aus dem Weg zu gehen.

Veränderung der Arbeitssituation

Als Nächstes (oder parallel zur direkten Ansprache) sollten Mobbingopfer versuchen, innerhalb ihres Betriebs Hilfe zu finden. Die wichtigsten Ansprechpartner sind in der Regel der Betriebs- oder Personalrat, danach Kollegen, die nicht am Mobbing beteiligt waren, und der Vorgesetzte. Zwei Drittel aller Mobbingopfer wenden sich an den Personal-/Betriebsrat und an loyale Kollegen, fast die Hälfte schaltet die Vorgesetzten ein. Sofern man Unterstützung im Unternehmen findet, lässt sich das Mobbing oft unterbinden, sei es, dass der Mobber diszipliniert wird, oder durch einen Wechsel in eine andere Abteilung. In einer ausweglosen Situation kann die

Kündigung allerdings der letzte Ausweg sein (statistisch gesehen geschieht dies leider in der Hälfte der Fälle).

Jeder vierte Betroffene wendet sich an niemanden innerhalb des Betriebes, sondern sucht Hilfe nur außerhalb desselben, z.B. weil es im Betrieb keinen kompetenten Ansprechpartner gibt, aus Angst, wegen der Machtposition der Mobber oder weil er oder sie sich keine großen Chancen ausrechnet.

Suche nach externer Hilfe

Viele Opfer wenden sich parallel oder ausschließlich an externe Ansprechpartner. Am häufigsten wird zunächst Unterstützung beim Partner oder in der Familie gesucht. Es folgen der Freundeskreis und der Hausarzt. Erst wenn diese Instanzen nicht weiterhelfen können, werden rechtskundige Fachleute oder die Gewerkschaft zu Rate gezogen. Zu guter Letzt folgen Psychotherapeuten, Beratungsstellen und Selbsthilfegruppen. Selbsthilfegruppen gelten in Mobbingfällen als sehr hilfreich, werden aber vergleichsweise selten genutzt.

> Wichtig ist in allen Fällen die Dokumentation der Geschehnisse!

Persönliche Stabilisierung durch Verarbeitung

Eine weitere wichtige Strategie der Betroffenen ist die „interne" Bewältigung, also der Umgang mit der Situation. Dazu gehört vor allem, die eigene Gesundheit zu schützen und einen Ausgleich im Privatleben zu schaffen. Notwendig ist außerdem, das eigene Selbstbewusstsein wieder aufzubauen sowie – falls irgend möglich – durchzuhalten und sich ein dickes Fell zuzulegen.

Ihr Anti-Mobbing-Fahrplan

Leider gibt es kein Patentrezept gegen Mobbing. Obwohl bestimmte Schemata existieren, liegt immer ein Einzelfall vor, zumal in jeder Firma ein anderes Machtgefüge herrscht. So macht es z. B. einen Unterschied, ob man in einem kleinen Familienunternehmen tätig ist oder in einem Weltkonzern mit Tausenden von Beschäftigten und zahlreichen Niederlassungen – ebenso, ob man im öffentlichen Dienst arbeitet oder in der freien Wirtschaft. Mancher Angestellte ist jung und ungebunden und könnte jederzeit eine neue Stelle haben, andere sind schon in den Fünfzigern und haben Haus und Familie. Es ist letztendlich eine persönliche Entscheidung, ob man sich sofort zur Wehr setzt oder zunächst noch abwartet und versucht, das Mobbing auszusitzen.

Die folgenden Schritte (nachfolgend z. T. näher erläutert) sollen Ihnen als Leitfaden zum Erfolg dienen. Ich habe versucht, eine gewisse Chronologie vorzugeben, die aber nicht verbindlich ist. Es handelt sich nur um eine Art roten Faden. Es ist z. B. durchaus möglich, dass Sie den Hausarzt und einen Anwalt schon früher als hier vorgeschlagen informieren müssen, um sich seiner Rückendeckung zu versichern. Die ersten der hier genannten Schritte sind natürlich auch bei bereits fortgeschrittenen Mobbingprozessen unerlässlich.

Leitfaden für Betroffene

1. Gute Vorbereitung: Beweise sammeln, Tagebuch führen, Situationsanalyse betreiben. Sich selbst gegenüber ehrlich sein. Nicht verdrängen!

2. Zunächst das Gespräch mit dem Mobber suchen. Nach den Ursachen fragen, mögliche Lösungen erörtern. Sich die Mobbinghandlungen früh und ausdrücklich verbieten. Datierte Notiz über das Gespräch anfertigen.

3. Wenn sich keine Lösung abzeichnet und sofern dies betriebsbedingt möglich ist, dem Kontrahenten aus dem Weg gehen.

4. Parallel dazu Unterstützung bei Kollegen suchen (Verbündete, Vertrauensperson).

5. Die Angriffe sichtbar und für andere nachvollziehbar machen.

6. Den unmittelbar Vorgesetzten informieren (Fürsorgepflicht).

7. Den Betriebsrat einschalten (Beschwerderecht).

8. Den Konfliktbeauftragten im Unternehmen aufsuchen (sofern vorhanden).

9. Wenn der eigene Vorgesetzte der Mobber ist, dessen Vorgesetzten ansprechen und/oder versuchen, in der Personalabteilung einen Ansprechpartner zu finden.

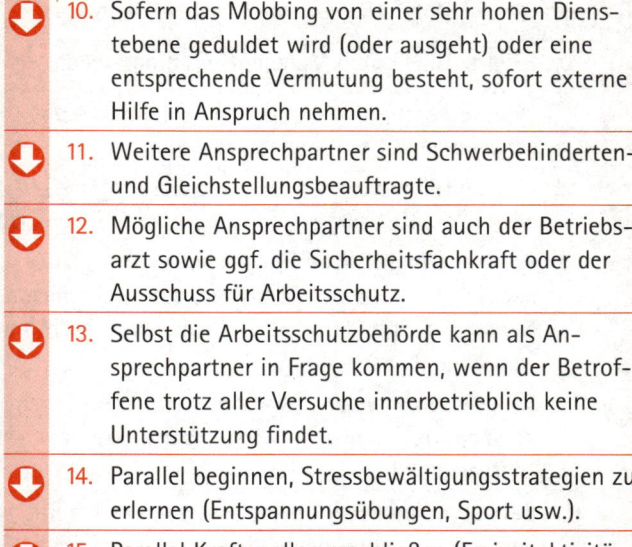

10. Sofern das Mobbing von einer sehr hohen Dienstebene geduldet wird (oder ausgeht) oder eine entsprechende Vermutung besteht, sofort externe Hilfe in Anspruch nehmen.

11. Weitere Ansprechpartner sind Schwerbehinderten- und Gleichstellungsbeauftragte.

12. Mögliche Ansprechpartner sind auch der Betriebsarzt sowie ggf. die Sicherheitsfachkraft oder der Ausschuss für Arbeitsschutz.

13. Selbst die Arbeitsschutzbehörde kann als Ansprechpartner in Frage kommen, wenn der Betroffene trotz aller Versuche innerbetrieblich keine Unterstützung findet.

14. Parallel beginnen, Stressbewältigungsstrategien zu erlernen (Entspannungsübungen, Sport usw.).

15. Parallel Kraftquellen erschließen (Freizeitaktivitäten, Gespräche mit Freunden, Hobbys, Ausgleich, Zufriedenheitserlebnisse) – Stichwort: Stabilisierung.

16. Wenn die innerbetrieblichen Vermittlungsversuche scheitern und wenn das Unternehmen sehr klein ist (und es kaum interne Ansprechpartner gibt), unbedingt externe Hilfe suchen:

17. Externe Beratung durch Gewerkschaft

18. Externe Beratung durch Rechtsanwalt, bei Aussicht auf Erfolg evtl. prozessieren

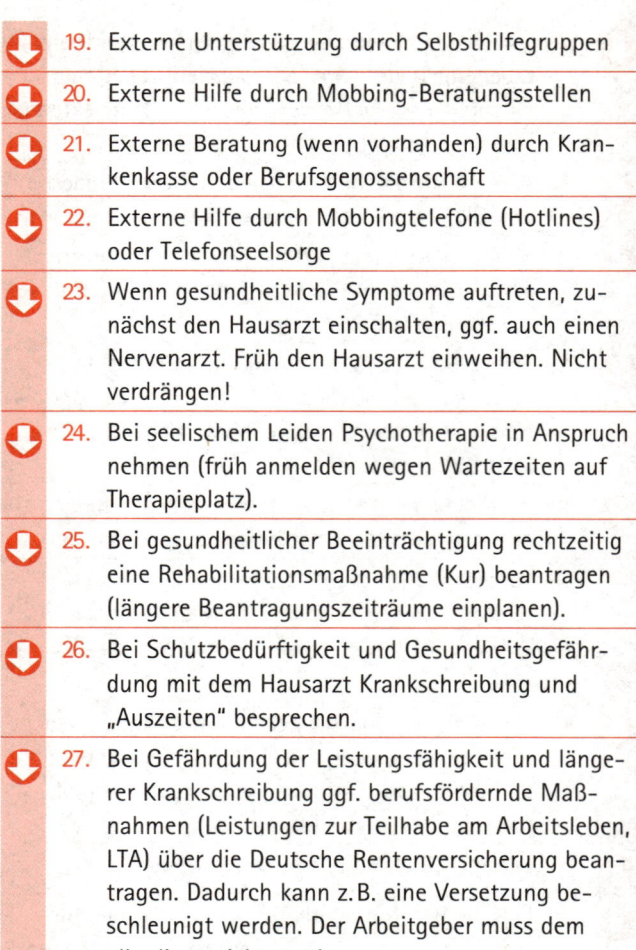

19. Externe Unterstützung durch Selbsthilfegruppen

20. Externe Hilfe durch Mobbing-Beratungsstellen

21. Externe Beratung (wenn vorhanden) durch Krankenkasse oder Berufsgenossenschaft

22. Externe Hilfe durch Mobbingtelefone (Hotlines) oder Telefonseelsorge

23. Wenn gesundheitliche Symptome auftreten, zunächst den Hausarzt einschalten, ggf. auch einen Nervenarzt. Früh den Hausarzt einweihen. Nicht verdrängen!

24. Bei seelischem Leiden Psychotherapie in Anspruch nehmen (früh anmelden wegen Wartezeiten auf Therapieplatz).

25. Bei gesundheitlicher Beeinträchtigung rechtzeitig eine Rehabilitationsmaßnahme (Kur) beantragen (längere Beantragungszeiträume einplanen).

26. Bei Schutzbedürftigkeit und Gesundheitsgefährdung mit dem Hausarzt Krankschreibung und „Auszeiten" besprechen.

27. Bei Gefährdung der Leistungsfähigkeit und längerer Krankschreibung ggf. berufsfördernde Maßnahmen (Leistungen zur Teilhabe am Arbeitsleben, LTA) über die Deutsche Rentenversicherung beantragen. Dadurch kann z.B. eine Versetzung beschleunigt werden. Der Arbeitgeber muss dem allerdings nicht zustimmen.

28. Unabhängig davon berufliche Veränderungen in Erwägung ziehen, um gesundheitlichen Schaden abzuwenden, z. B. einen Versetzungsantrag stellen und Initiativbewerbungen abschicken.

29. Weitere berufliche Veränderungsszenarien gedanklich durchspielen, z. B. Stundenreduzierung oder Abgabe einer Leitungsfunktion, ggf. auch eine berufliche Weiterbildung.

30. Je jünger Sie sind, desto eher kommen Wechselszenarien in Frage. Mit zunehmendem Alter können Rückzugs- und Aussitzstrategien die sinnvollere Alternative sein.

Den eigenen Stress wahrnehmen

Wie wir gesehen haben, hilft Verdrängung und Verleugnung des Konfliktes nur wenig. Vielleicht wollen Sie diesen zunächst nicht wahrhaben und können es gar nicht glauben, dass Ihnen so etwas passiert. Schließlich haben Sie sich doch nie etwas zu Schulden kommen lassen. Vielleicht hoffen Sie, dass der Sturm bald vorüberzieht oder Sie der Situation irgendwie ausweichen können. Würde es nicht helfen, weniger sensibel zu reagieren? Sicherlich können Sie mit etwas gutem Willen die Angriffe auf Ihre Person schon irgendwie aushalten. Vielleicht genügt es ja schon, sich ein dickes Fell zuzulegen. Macht der Kollege nicht einfach eine schwierige Phase durch und wird sich schon wieder beruhigen? Und vielleicht handelt es ja gar nicht um Mobbing?

Die Situationsanalyse

Überlegen Sie einmal genau, wie realistisch Ihre Annahmen sind. Beantworten Sie ehrlich die folgenden Fragen. Sie sind zum Teil bewusst offen formuliert und lassen keine einfachen Ja/Nein-Antworten zu. Die Fragen dienen der Selbstreflexion und Analyse der Lage. Nehmen Sie sich genügend Zeit und besprechen Sie die Fragen vielleicht auch mit Freunden oder Familienangehörigen.

Checkliste: Erste Bestandsaufnahme
▪ Wie intensiv beschäftigen Sie sich schon gedanklich mit dem Konflikt? Wie viel Zeit kostet Sie das? Je mehr Raum das Thema in Ihren Gedanken einnimmt, desto schlimmer.
▪ Nehmen Sie den Frust schon mit nach Hause? Wirkt er sich auf Ihre Freizeit und Ihr Privatleben aus?
▪ Wie unangenehm erleben Sie die Situation?
▪ Wie ist Ihre Stimmung, wenn Sie dem vermeintlichen Mobber begegnen?
▪ Zweifeln Sie gelegentlich an sich selbst? Denken Sie ernsthaft darüber nach, dass der vermeintliche Mobber vielleicht Recht haben könnte?
▪ Wie lange wird Ihrer Meinung nach die Situation andauern?
▪ Glauben Sie, dass Sie die Situation ohne Weiteres in den Griff bekommen können, oder haben Sie Zweifel?

- Bekommen Sie Unterstützung? Wenn ja, von wem?

- Können Sie einige der weiter oben aufgeführten Mobbinghandlungen identifizieren? Wenn ja, welche? Finden die Angriffe eher auf der Arbeitsebene oder auf der sozialen Ebene statt?

- Sind Sie allein betroffen, oder trifft es auch andere?

- Müssen Sie mehr und mehr Energie aufwenden, um die vermeintlichen Mobbingangriffe abzuwehren? Leidet Ihre Arbeitsleistung darunter?

- Treten die vermeintlichen Mobbinghandlungen vereinzelt auf oder systematisch und über einen langen Zeitraum?

Wenn Sie diese Fragen durchgearbeitet haben und dabei eindeutige Mobbinganzeichen und -folgen erkennen konnten, sollten Sie jetzt handeln!

Körperliche Symptome wahrnehmen

Auch wenn ein von Mobbing Betroffener nur schwer den Beginn der Mobbinghandlungen benennen kann, erkennt er fast immer mit ziemlicher Genauigkeit, wann körperliche Beschwerden einsetzen. Spätestens jetzt muss man sich aber eingestehen, dass etwas nicht stimmt und Handlungsbedarf besteht. Ihr Körper ist ein feines Messinstrument, welches den zunehmenden Stress und die Bedrohung schon längst registriert hat, während Ihr Verstand noch darüber nachdenkt, ob ihn die Sinne nicht trügen. Hier gilt es, ehrlich mit sich zu sein! Der erste Schritt zur Veränderung der Situation besteht darin, genau auf Ihr eigenes körperliches und psychisches Wohlbefinden zu achten. Fangen Sie an, sich selbst mehr zu beobachten. Das ist am Anfang vielleicht ungewohnt. Denken Sie dabei auch über die folgenden Fragen nach:

Checkliste: Körperliche Symptome

- Haben Sie körperliche Symptome? Sind in letzter Zeit psychosomatische Beschwerden aufgetreten (z. B. Schlafstörungen, Unruhe, schnelles Ermüden, Nervosität, Magen-Darm-Beschwerden, Herz-Kreislauf-Beschwerden, Kopfschmerzen oder Muskelverspannungen)?

- Wann treten Ihre Beschwerden auf? Nur an Werktagen oder auch an Feiertagen? Treten Sie nur zu bestimmten Zeiten auf, z. B. wenn der Mobber in der Nähe war?

- Verschwinden die Beschwerden während der Urlaubszeit? Nehmen die Beschwerden wieder zu, wenn der Urlaub zu Ende geht und Sie wieder an die Arbeit denken?

- Seit wann bestehen die Beschwerden? Hatten Sie an anderen Arbeitsstellen schon ähnliche Beschwerden?

- Nehmen die Beschwerden in letzter Zeit zu? Sind neue Beschwerden hinzugekommen? Falls ja, was ist in der Zeit passiert, in der diese aufgetaucht sind?

Wenn Sie auch diese Fragen überwiegend positiv beantwortet haben, befinden Sie sich mit sehr hoher Wahrscheinlichkeit in einer Stresssituation mit Mobbingcharakter und haben diese jetzt vielleicht zum ersten Mal systematisch wahrgenommen. Das ist einer der wichtigsten Schritte auf dem Weg zu einer Lösung. Spätestens jetzt sollten Sie versuchen, die stressauslösenden Bedingungen zu verändern. Also Schluss mit der Verdrängung!

> Es gibt keinen Zaubertrank, der einen unverwundbar macht und dazu führt, dass die Angriffe schadlos an einem abprallen.

Mobbing dokumentieren

Sie müssen sich jetzt angewöhnen, ein Tagebuch über die Mobbingereignisse zu führen. Weiter unten erfahren Sie außerdem, wie man eine Mobbinglandkarte anlegt. Der Zweck einer solchen Dokumentation ist:

- Die Selbstaktivierung (Handeln statt passives Abwarten)
- Die Beweissicherung
- Das Auflisten aller Vorkommnisse
- Das Erkennen von Zusammenhängen
- Die systematische Information von Richtern, Anwälten, Beratern, Ärzten, Vorgesetzten usw. (diese können nachlesen, was sich genau wie zugetragen hat)

Das Mobbingtagebuch

Ein Tagebuch oder Protokoll muss folgende Informationen enthalten:

Bestandteile eines Mobbingtagebuchs

- Wer war beteiligt?

- Wann (Datum, Uhrzeit)?

- Wo (Ort)?

- Was ist genau geschehen? Benennen Sie die Mobbinghandlungen im Einzelnen. Wer hat was getan?

- Wie haben Sie das erlebt (körperliche oder gesundheitliche Reaktionen, ggf. mit zeitlichem Abstand)?

- Wer war Zeuge?

Natürlich gibt es auch Tage, an denen nichts passiert ist. Das müssen Sie ebenso aufschreiben. Hinzu kommen Vermerke wie Urlaub (ihr eigener sowie derjenige des Mobbers oder seiner Verbündeten), Arztbesuche, Krankschreibungen, freie Tage, Belästigungen zu Hause (z. B. Anrufe), Stresssymptome (z. B. Schlafstörungen). So entsteht eine Art Mobbingkalender. Sie können dadurch die Systematik erkennen, die hinter den Handlungen steckt. Ein derartiger Kalender kann auch verhindern, dass Sie sich in Sicherheit wiegen, wenn gerade einmal nichts passiert. Hier die Kurzform:

Wer?	Wann?	Wo?	Was?	Wie reagiert?	Zeugen?

Beispiel:

3. September, 14:00, Raum E 08, anwesend: Schmidt, Müller, Schulze, ich und Koslowski. Schmidt sagt vor allen Kollegen, dass ich mal wieder zu langsam sei und dass das Kollegium darunter leide. Im Team herrscht Schweigen. Ich bekomme Magenschmerzen.

12. Oktober, 11:00, Besprechungsraum, anwesend Team 2 und 3, Schmidt fragt vor versammelter Mannschaft, ob ich vielleicht psychisch krank sei, weil ich so lange krank geschrieben war. Er rät davon ab, mir eine bestimmte Aufgabe zu geben, weil ich seiner Ansicht nach „nicht belastbar" sei. Das ist das dritte Mal in diesem Monat, dass er das äußert. Ich schweige. Einige Kollegen schweigen auch, einige grinsen, Müller vermeidet Blickkontakt. Mir ist schwindelig, mir wird schlecht. Ich gehe nach der Arbeit zu meinem Hausarzt und lasse mich krankschreiben.

Wenn Sie das Tagebuch eine Weile geführt haben, können Sie vielleicht ein Muster erkennen und einen Katalog der Angriffe anlegen (Angriffe sind im Kapitel „Woran erkennen Sie Mobbinghandlungen?" beschrieben).

Die Mobbinglandkarte

Eine Mobbinglandkarte ist noch differenzierter und wird normalerweise von Beratern angefertigt, um die Hierarchien in einer Mobbingsituation zu verdeutlichen. Sie können sie auch selbst anlegen. Besonders wenn mehrere Personen am Mobbing beteiligt sind, lohnt es sich, die Abhängigkeiten untereinander, die Machtverhältnisse und die Kommunikation in der Abteilung darzustellen. So erkennt man, wer wen auf welche Weise beeinflusst. Ein wesentlicher Vorteil der Landkarte ist, dass sie das Beziehungsgeflecht innerhalb der verschiedenen Ebenen des Unternehmens und zwischen diesen Ebenen verdeutlicht. Sie machen sich dadurch bewusst, wie gefestigt Ihre Position ist und wie viele Unterstützer und Gegner Sie haben. Daraus können Sie womöglich eine Strategie ableiten, etwa indem Sie bestimmte Personen als Verbündete zu gewinnen suchen.

Malen Sie zunächst einen Kreis im Zentrum. Hier stehen Sie, und um Sie herum befinden sich in weiteren Kreisen alle wichtigen am Mobbingprozess beteiligten Personen. Feinde und Mobber verbinden Sie mithilfe einer gestrichelten Linie mit Ihrem Kreis, Freunde und Verbündete erhalten eine durchgezogene Linie. Um Kreise zu sparen (Übersichtlichkeit), können Sie Teams in einem Kreis zusammenfassen. Danach müssen auch alle anderen Kreise miteinander verbunden werden, entweder mit einer durchgezogenen Linie (= halten zusammen) oder einer gestrichelten Linie (= verstehen sich nicht).

So erhalten Sie eine Übersicht über Ihre Position in dem Beziehungsgeflecht. Vielleicht bemerken Sie dadurch, dass Sie relativ isoliert sind (viele gestrichelte Linien) oder noch vergleichsweise viel Rückhalt haben (viele durchgezogene Linien). Womöglich wird auch deutlich, dass die Führungsebene zusammenhält oder selbst zerstritten ist. Wenn Sie nicht sicher sind, ob eine Linie gestrichelt oder durchgezogen sein sollte, dann folgen Sie Ihrer Intuition. Wenn Sie immer noch nicht sicher sind, malen Sie ein Fragezeichen.

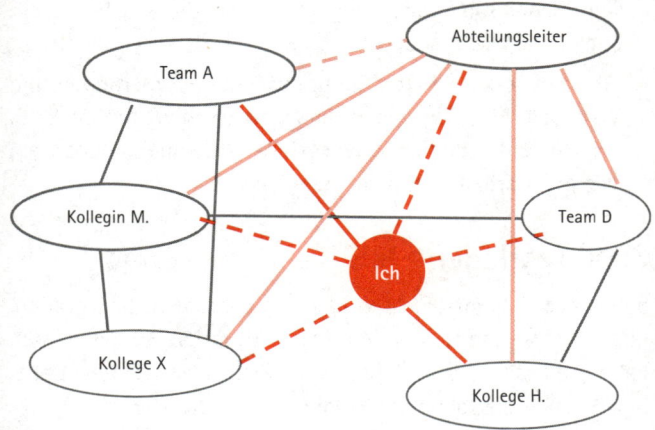

Beispiel für eine Mobbing-Landkarte

Die direkte Konfrontation mit dem Täter

Nur in der frühen Phase des Mobbings hat man eine Chance, das Geschehen selbst zu stoppen. Wenn der Prozess weiter fortgeschritten ist, werden Sie ohne externe Hilfe kaum noch etwas bewirken. Allgemein gängige Strategien sind:

- Verunsichern: Machen Sie verdeckte Angriffe öffentlich. Versuchen Sie, soziale Unterstützung zu finden und diese zu demonstrieren. Lassen Sie Ihr Gegenüber spüren, dass seine Angriffe wirkungslos bleiben.

- Versachlichen: Zeigen Sie zunächst noch den Willen zum Kompromiss. Lenken Sie die Aufmerksamkeit Ihres Gegners auf gemeinsame Schwierigkeiten und deren Lösung hin („im selben Boot sitzen").

- Grenzen setzen: Bitten Sie um sachliche Äußerungen und verbitten Sie sich einen unangemessenen Tonfall (z.B. Anschreien). Kündigen Sie notfalls Gegenmaßnahmen an, wie etwa arbeitsrechtliche Schritte.

Ziele festlegen

Sobald Sie sich entschlossen haben, die Initiative zu ergreifen, und eine Bestandsaufnahme ihrer Situation vorgenommen haben, müssen Sie sich über Ihre Ziele klar werden. Dabei hilft es, sich die folgenden Fragen zu beantworten:

Checkliste: Fragen vor der Konfrontation
- Welche Bedingungen oder Handlungen sind es genau, die mich beeinträchtigen?
- Wer ist für die Bedingungen verantwortlich? Wer übt die Handlungen aus?
- Welcher Konflikt liegt dem wahrscheinlich zugrunde?
- Wie stehe ich selbst zu dem Konflikt? Welche Lösungen könnte ich mir vorstellen?
- Wie weit ist der Konflikt schon eskaliert?
- Was wünsche ich mir in Zukunft stattdessen im Umgang mit meinen Kollegen und Vorgesetzten?
- Was bin ich bereit, dafür zu geben? Welchen Preis bin ich bereit zu zahlen?

Die Beantwortung dieser Fragen geht über eine Situations-analyse hinaus, weil sich aus den Antworten ergibt, was Sie erreichen wollen. Vielleicht gelangen Sie durch Ihre Interpre-tation der Lage auch zu neuen Lösungen. Entscheidend ist, welche Veränderung Sie sich wünschen. Daraus ergeben sich nämlich Ihre Forderungen für potenzielle Konfliktgespräche.

Belege sammeln und Zeugen gewinnen

Schon zu Beginn eines Konflikts ist es empfehlenswert, alles gründlich zu dokumentieren. Damit ist nicht nur das bereits erwähnte Führen eines Tagebuches gemeint, sondern darüber hinaus die generelle Beweissicherung. Dokumentieren Sie alle eigenen Schritte und diejenigen Ihres Gegners. Sammeln Sie schriftliche Dokumente. Drucken Sie sich belastende E-Mails aus (möglichst diskret, weil es sonst als weitere Provokation gewertet würde). Suchen Sie sich eine Vertrauensperson im Betrieb und informieren Sie diese. Sie kann später Zeuge und Ratgeber sein, also wählen Sie sie gewissenhaft aus. Idealer-weise erklärt sich diese Vertrauensperson auch bereit, an Konfliktgesprächen teilzunehmen. Im Idealfall haben Sie so Rückendeckung durch Ihre Interessenvertretung (Betriebsrat), durch Kollegen/innen und/oder Ihre Vorgesetzten.

Das Gespräch suchen

Nun versuchen Sie den Widersacher direkt anzusprechen. Wir unterstellen, dass es sich um eine einzelne Person handelt. Wenn es mehrere Personen sind, können Sie versuchen, nur mit dem „Rädelsführer" zu sprechen – nie jedoch mit allen

Beteiligten auf einmal. Im Idealfall besteht nur ein ungelöster Konflikt, den niemand ansprechen will, den man dann aber gemeinsam klären und auflösen kann. Dies müsste das Mobbing im Normalfall beenden. Leider funktioniert das nur in den seltensten Fällen. Meist versuchen Mobbingopfer, das Gespräch zunächst allein zu führen, erst später schalten sie zusätzliche Helfer ein. Ziel des Konfliktgesprächs sollte sein:

- den Konflikt zu benennen,
- die wechselseitigen Interessen zu klären,
- sich Lösungen zu überlegen
- und/oder sich auf einen neutralen Schlichter zu einigen, wenn man zu keiner Einigung kommt.

Hilfreiche Rahmenbedingungen

Das Gespräch sollte am Arbeitsplatz stattfinden. Der private Rahmen ist dafür ungeeignet! (Einzige Ausnahme: jahrelange Freundschaft, die aus ungeklärter Ursache abbricht.) Es kann in der Pause stattfinden oder nach Dienstschluss. Sie müssen Ihren Kontrahenten direkt ansprechen und um ein Gespräch bitten. Dies ist ohnehin ein Testballon: Wenn die Gegenseite wirklich an einer Verständigung interessiert ist, wird sie sich auch die Zeit für ein Gespräch nehmen. Wenn nicht, wird sie sich wahrscheinlich in Ausflüchte zu retten versuchen.

Das Gespräch vorbereiten

Führen Sie das Gespräch nie im Affekt, also wenn Sie gerade besonders wütend sind. Warten Sie dann lieber etwas ab. Trennen Sie Beziehungsebene (Enttäuschung und Wut auf den Kollegen) und die Sachebene (unkollegiales Zusammenarbeiten, schlechtes Arbeitsklima, unberechtigte Vorwürfe usw.). Folgende Dinge sollten Sie sich im Vorfeld des Gesprächs überlegen:

- Ob Sie schon vorab einen Vorgesetzten informieren wollen, ist Ermessenssache. Geben Sie ihm dann eine allgemeine Information wie: „Ich befürchte einen Konflikt mit Herrn Maier, will ihn aber zunächst selbst ansprechen. Wenn es mir nicht gelingt, das Problem zu lösen, würde ich gerne deswegen auf Sie zukommen." Eine solche Information bietet den Vorteil, dass der Vorgesetzte hinterher nicht sagen kann, er habe nichts bemerkt. Sie haben den Konflikt dann aber bereits öffentlich gemacht (sofern er das nicht schon war). Vielleicht fühlt sich der Vorgesetzte jetzt selbst in der Verantwortung. Das müssen Sie gegeneinander abwägen.

- Bereiten Sie konkrete Beispiele vor. Wenn die Gegenseite Sie danach fragt, können Sie nicht mit Allgemeinplätzen kommen wie „Ich fühle mich gemobbt" oder „Mir fällt gerade kein konkretes Beispiel ein."

- Machen Sie sich das Ziel des Gesprächs klar. Sie wollen eine Konfliktlösung. Das ganze Gespräch muss darauf abzielen.

- Am besten machen Sie sich vor dem Gespräch ein paar Notizen.

Beispiel: Ein möglicher Einstieg

> „Ich bin im Moment unzufrieden mit unserer Zusammenarbeit und dem Klima in unserer Abteilung. In den letzten Wochen habe ich bemerkt, dass Sie mir ausweichen. Das belastet mich und ich würde es gerne in Zukunft ändern."

Mit Widerständen umgehen

Typische Reaktionen von Mobbern, denen Sie begegnen können, sind:

- Das Gespräch wird von vornherein verweigert oder der Termin immer wieder hinausgezögert.

- Alles, was Sie vorbringen, wird abgestritten.

- Der Mobber weicht aus, versucht abzulenken und sich auf Allgemeinplätze zurückzuziehen, er wechselt das Thema.

- Er macht Ihnen umgekehrt Vorwürfe und greift Sie wegen vermeintlicher Verfehlungen an.

- Er erklärt Sie für übertrieben sensibel und überempfindlich.

- Er rechtfertigt sich damit, dass die Angriffe notwendig und berechtigt waren.

- Er klagt und jammert, dass er es auch „nicht leicht" habe und die letzten Monate sehr schwer gewesen seien („auf die Tränendrüse drücken").

- Er ist womöglich berechtigterweise empört, dass auch ihm Ungerechtigkeit widerfahren ist oder er benachteiligt wurde. Das rechtfertigt sein Verhalten zwar nicht, hilft aber beim besseren Verständnis der Motive.

Beispiel:

 Frau Z. reagiert auf die Äußerungen von Frau K. mit Gegenanschuldigungen: Frau K. sei auch nicht viel besser, sie solle sich erst einmal an die eigene Nase fassen (Konter), außerdem übertreibe sie, so schlimm sei das doch alles gar nicht. Und das Verstecken der wichtigen Akten sei doch nur ein harmloser Kollegenscherz gewesen (Bagatellisieren). Auch für sie, Frau Z., sei die letzte Zeit schwer gewesen, denn sie habe zuhause einen kranken Mann (Mitleidsmasche).

Der Mobber wird versuchen abzuwehren und zurückzuschlagen, und er wird sein eigenes Los beklagen. Damit müssen Sie rechnen. Lassen Sie sich nicht beirren. Wenn das Gespräch ergebnislos verläuft, ist das auch ein Ergebnis. Sie können dann z. B. sagen, dass man hier offenbar nicht weiterkommt, und entweder einen erneuten Termin vereinbaren oder das Gespräch abbrechen. Wenn Sie nicht weiterkommen, können Sie Ihr Gegenüber auch fragen, ob es einen neutralen Vermittler akzeptieren würde und wenn ja, wen. Achten Sie bei Ablenkungsmanövern darauf, dass Sie das Gespräch immer wieder auf Ihre Ziele zurücklenken. Sie haben jetzt klar vermittelt, dass Sie eine sofortige Einstellung der Mobbinghandlungen verlangen und ansonsten weitere Schritte einleiten werden.

Wie geht es weiter?

Nach dem Gespräch warten Sie ab, was in den nächsten Tagen und Wochen geschieht. Ist es zu einer Entspannung und Aussöhnung gekommen? Konnte der Konflikt von der persönlichen Ebene auf die Sachebene befördert werden?

Konnten Sie sich bei weiter bestehendem Konflikt zumindest auf einen neutralen Schlichter einigen, dessen Schiedsspruch Sie beide akzeptieren würden?

> Auch wenn das Gespräch nichts genützt haben sollte, haben Sie es zumindest versucht. So verhindern Sie, dass es später heißt, Sie seien nicht an der Lösung des Konflikts interessiert gewesen oder man habe nichts bemerkt.

Vielleicht werden Sie jetzt respektiert und man lässt Sie in Ruhe. Seien Sie trotzdem weiterhin auf der Hut! Wenn das Konfliktgespräch nicht gut verlaufen ist oder es sich als unmöglich erweist, ein solches Gespräch zu arrangieren, dann folgt die nächste Stufe, die den Übergang zur mittleren Phase markiert: Sie wenden sich nun an den Vorgesetzten, den Betriebs- oder Personalrat und/oder die Personalabteilung.

Den Vorgesetzten einschalten

Die Gegenwehr verläuft nicht immer nach idealtypischem Muster, d.h., die möglichen Ansprechpartner (Kollegen, Vorgesetzte, Betriebsrat, Personalabteilung) werden nicht unbedingt nacheinander eingeschaltet, sondern teilweise parallel. Widmen wir uns zunächst den Vorgesetzten.

Wir hatten bereits festgestellt, dass man in der Frühphase eines Konflikts den Vorgesetzten einfach nur darüber informieren kann, dass es Differenzen mit einem anderen Mitarbeiter gibt und dass man im Falle einer Eskalation auf ihn zurückkommen möchte. Man muss dabei aber aufpassen, nicht die Grenze zwischen Information und Anschwärzen des Kollegen zu überschreiten.

Idealerweise stellt sich der Vorgesetzte von selbst als Vermittler für den Bedarfsfall zur Verfügung. Vielleicht möchte er sich aber auch bewusst nicht einmischen. Zumindest aber sollte man sich schon eine Vertrauensperson (also einen Vorgesetzten, zu dem man einen guten Draht hat) auserwählt haben, um diese bei Bedarf anzusprechen.

Der Vorgesetzte hat die Fürsorgepflicht. Wenn Sie ihn informieren, will er vielleicht umgehend eingreifen. Überlegen Sie also, was Sie von ihm wollen.

Wenn die Gesprächsversuche mit dem Mobber scheitern sollten, muss der Vorgesetzte unbedingt eingeschaltet werden. Das gilt besonders für kleine Betriebe, wo es keinen Betriebsrat gibt. Wenn der Betriebsrat eingeschaltet wird, erfährt es spätestens jetzt der Vorgesetzte ohnehin. Insofern gilt wieder, dass die meisten Kontakte nicht nacheinander, sondern zum Teil parallel stattfinden. Welche Einflussmöglichkeiten der Vorgesetzte hat, untersuchen wir in einem späteren Kapitel.

Wenn der Vorgesetzte der Mobber ist

Problematisch wird es natürlich, wenn der Vorgesetzte selbst der Mobber ist. Eine direkte Konfrontation ergibt dann wegen des ungleichen Machtverhältnisses keinen Sinn. Führen Sie also in diesem Fall kein direktes Konfliktgespräch! Sie können sich stattdessen theoretisch an eine höhere Hierarchieebene wenden (z.B. die Geschäftsführung) Das birgt aber große Risiken, und spätestens jetzt müssen sie sich der Rückendeckung durch Personal- oder Betriebsrat versichern.

Je höher jemand in der Hierarchie angesiedelt ist, desto seltener wird er geopfert. Es kann Ihnen deshalb passieren, dass die Vorgesetzten zusammenhalten und jetzt alles noch schwieriger wird. Manchmal hingegen ist eine Beschwerde auf einer höheren Dienstebene sogar willkommen, weil man schon lange ein Auge auf eine bestimmte Person geworfen hatte. Vielleicht herrscht auch Krieg zwischen zwei Abteilungen und man schickt Sie nun vor. Sie sind dann zwischen die Fronten geraten. Alles hängt sehr stark von der individuellen Situation in ihrem Betrieb ab. Nur Sie kennen die dortigen Verhältnisse und können sich Ihre ungefähren Erfolgschancen ausrechnen.

Beschwerde bei den Interessenvertretungen

Laut Betriebsverfassungsgesetz hat jeder Arbeitnehmer das Recht, sich beim Arbeitgeber zu beschweren, „wenn er sich vom Arbeitgeber oder von Arbeitnehmern des Betriebes benachteiligt oder ungerecht behandelt oder in sonstiger Weise beeinträchtigt fühlt. Er kann ein Mitglied des Betriebsrates zur Unterstützung oder Vermittlung hinzuziehen." Dem Arbeitnehmer dürfen aus seiner Beschwerde keine Nachteile entstehen. Soweit die graue Theorie.

Leider müssen Betriebsräte in der Praxis sehr genau abwägen, inwiefern sie in das empfindliche Machtgefüge eines Betriebes eingreifen sollen, und können sich nicht unbegrenzt für jeden Beschäftigten einsetzen. Auch die Interessen der Firma, einschließlich der Chefetage, müssen schließlich gewahrt bleiben. Und so kann es auch einmal zu unpopulären Entscheidungen kommen.

Ein klassisches Beispiel ist die Zustimmung eines Betriebsrates zu Kündigungen, wenn dafür gleichzeitig das Fortbestehen eines Betriebes garantiert wird. Wenn man sich an den Betriebsrat wendet, bedeutet das also nicht automatisch, dass der Konflikt nun befriedet wird. Besonders in der mittleren Phase ist es aber durchaus sinnvoll, sich an Interessenvertretungen zu wenden. Denn der Konflikt ist jetzt schon weiter fortgeschritten und die bisherigen Vermittlungsversuche blieben fruchtlos. Sie sollten jetzt keine Möglichkeit auslassen, Hilfe in Anspruch zu nehmen.

Sich an den Betriebsrat wenden

Jeder Arbeitnehmer ist berechtigt, sich mit einer Beschwerde an den Betriebs- oder Personalrat oder die Mitarbeitervertretung zu wenden (alle Begriffe werden synonym verwandt). Der Betriebsrat (BR) prüft die Beschwerde und kann beim Arbeitgeber auf Abhilfe hinwirken. Notfalls kann er die Einigungsstelle anrufen, ein betriebliches Schiedsgericht, das tätig wird, falls sich Arbeitgeber und BR nicht einigen können. Es kann aber auch sein, dass der BR die Beschwerde nicht übernimmt, etwa weil er schwach oder parteiisch ist oder der Mobber gute Verbindungen dorthin unterhält. Der

Mobber könnte z.B. Freunde im BR haben oder sogar selbst dort Mitglied sein.

Sich an die Personalabteilung wenden

Gibt es keinen BR oder hilft dieser nicht oder nicht in ausreichendem Maße, besteht noch die Möglichkeit, sich direkt an die Personalabteilung zu wenden. Dieser Weg ist noch schwieriger zu begehen, weil man dort ebenfalls eine Vertrauensperson finden muss, die sich für den Fall interessiert und auf eine Lösung hinarbeitet. Sie müssen hier deutlich machen, dass Sie nicht den Mobber verleumden möchten, sondern die Eskalation des Mobbingprozesses verhindern wollen. Dieser Argumentation kann sich die Personalabteilung (PA) schlecht entziehen, weil sie ja die Interessen des Unternehmens zu wahren hat. Die PA kann vor allem bei möglichen Versetzungswünschen behilflich sein und kann zudem Druck auf die betreffenden Abteilungsleiter ausüben, sich in den Konflikt einzuschalten. Das genaue Vorgehen ist wiederum abhängig vom dem Machtgefüge in einem Unternehmen. Es gibt durchaus PA, die sehr viel Gestaltungsspielraum haben, ebenso wie solche, die sich nur um Gehaltsabrechnungen kümmern. Aber auch hier kann es passieren, dass sich niemand des Falles annehmen möchte.

Was der BR bewirken kann

Gehen wir aber einmal vom günstigsten Fall aus: Der Betriebsrat engagiert sich, die Leitungsebene wird aufmerksam und nimmt sich des Falls an. Auf einmal scheint eine Unterbindung des Konfliktes möglich. Vielleicht ist es auch zu einer

Veränderung des Kräfteverhältnisses gekommen, weil sich jetzt einflussreiche Personen für Sie einsetzen. Oder es wurden sogar disziplinarische Maßnahmen ergriffen, wobei der Mobber nach Vermittlung durch den BR verwarnt oder abgemahnt wurde, und weitere Mobbingangriffe unterbleiben. Am wahrscheinlichsten ist aber, dass man die Konfliktparteien einfach trennt, d.h. dass man Sie oder den Mobber oder auch Sie beide so versetzt, dass Sie sich nicht mehr über den Weg laufen oder nur noch das Nötigste miteinander zu tun haben. Das ist zwar nicht die eleganteste Lösung, aber zumindest ist der Eskalationsprozess erst einmal unterbrochen und Sie sind mit einem blauen Auge davongekommen.

Psychologische und rechtliche Hilfe einholen

Wie aber handeln, wenn die bisherigen Maßnahmen nicht geholfen haben? Sie haben ganz couragiert versucht, selbst den Fall anzusprechen, Sie haben den Vorgesetzten informiert und auch eine Vertrauensperson gefunden und diese ins Bild gesetzt. Wenn nun selbst die betriebliche Interessenvertretung und die Personalabteilung keine Hilfestellung leisten oder dies erfolglos versucht haben, ist ein sehr kritischer Punkt erreicht. Der Konflikt dürfte inzwischen betriebsöffentlich sein (d.h., er hat sich überall herumgesprochen und ist nicht mehr nur auf die Abteilung begrenzt), und vielleicht kam es auch schon zu arbeitsrechtlichen Maßnahmen gegen Sie und/oder den Mobber, wie Abmahnungen oder Versetzungen.

Möglicherweise sind Sie auch schon längere Zeit krankgeschrieben.

Wenn Sie sich jetzt noch weiter in Ihre unglückliche Situation
hineinsteigern, dann kann es passieren, dass Sie sich auch die
letzten Sympathien verscherzen. Es macht sich allgemeiner
Unmut breit. Sie befinden sich in einer Negativspirale, und
weitere Eingaben und Proteste halten Sie nur weiter darin
gefangen. Es scheint, als wolle oder dürfe in der Firma
niemand für den Fall Verständnis zeigen. Spätestens jetzt
müssen Sie sich eine Rechtsberatung und psychologische
Hilfe suchen. Den Juristen benötigen Sie für die arbeitsrechtlichen Fragen (Kündigung, Abmahnung, Abfindung, Schadensersatz usw.), den Psychologen für die Wiederherstellung Ihres
Selbstwertgefühls. Zusätzlich brauchen Sie natürlich die Hilfe
Ihres Hausarztes, der Sie zur Not krankschreiben kann (wenn
dies nicht schon ohnehin geschehen ist).

Psychologische Beratung

Zur psychologischen Unterstützung können neben einer
Therapie auch Beratungen, Coachings und Selbsthilfegruppen
beitragen. Es gibt Mobbingberatungsstellen und Sorgentele-
fone, einige Adressen finden Sie am Ende des Buches unter
„Hilfsangebote". Bei der Suche nach einem Psychologen kann
Ihr Hausarzt Sie beraten oder Ihnen eine Empfehlung geben.
Lassen Sie sich bei Therapeuten nicht von langen Wartezeiten
abschrecken. Psychotherapie ist sehr stark nachgefragt und
nicht immer ist sofort ein Platz frei. Da hilft nur Hartnäckig-
keit. Als Überbrückung kann man eine der oben erwähnten

Selbsthilfegruppen besuchen. Weitere sinnvolle Maßnahmen sind je nach persönlicher Situation:

- Eine Rehabilitationsbehandlung ("Kur"): Diese ist vor allem bei längerer Krankschreibung sinnvoll, um wieder zu Kräften zu kommen und um eine mögliche Rückkehr an den alten Arbeitsplatz vorab mit Fachleuten wie Ärzten und Psychologen zu besprechen.

- Berufsfördernde Maßnahmen: Diese lohnen vor allem dann, wenn sich abzeichnet, dass ein Verbleib auf dem Arbeitsplatz zu einer erheblichen Gefährdung der Leistungsfähigkeit führen würde. Das Arbeitsamt (bei Arbeitslosigkeit) und die Rentenversicherung (bei längerer Krankheit) leisten Hilfestellung.

- Eine neue Lebensplanung: Sie kommen an Ihrem derzeitigen Arbeitsplatz nicht mehr weiter und haben das Gefühl, dass erst einmal Ihre seelischen Wunden mithilfe von Psychotherapie und unter ärztlicher Betreuung verheilen müssen. Zu einer neuen Lebensplanung gehört vor allem, sich beruflich neu zu orientieren sowie sich von der alten Stelle in einer Art Trauerprozess zu verabschieden.

Was übrigens häufig vergessen wird, wenn man über eine berufliche Neuorientierung nachdenkt, ist das Zeugnis! Wer lange in einer Firma tätig war, hat sich vielleicht noch nie ein Zeugnis ausstellen lassen. Sie brauchen es aber, um sich zu bewerben. Damit sich der Mobbingprozess nicht im Zeugnis niederschlägt, sollten Sie es unbedingt durch einen auf Arbeitsrecht spezialisierten Anwalt prüfen lassen.

Rechtliche Möglichkeiten

Als Betroffener haben Sie mehrere Beschwerdeoptionen, bis hin zur Möglichkeit der Klage und eines Prozesses. Unternehmen Sie aber keine übereilten Schritte, sondern informieren Sie sich vorher genau und beauftragen Sie einen Anwalt mit der Wahrnehmung Ihrer Interessen. In fortgeschrittenen Mobbingprozessen werden Sie ohne juristischen Beistand nicht weiter kommen. Zu Ihren Verteidigungsstrategien kann es übrigens durchaus gehören, den Gegner einzuschüchtern. Nach juristischer Beratung (und erst dann) können Sie rechtliche Schritte konkret benennen und auch glaubhaft ankündigen. Sie müssen Ihren Worten dann aber auch Taten folgen lassen, sonst gelten Sie rasch als unglaubwürdig.

> Es gibt in Deutschland keine Möglichkeit, gegen Mobbing an sich rechtlich vorzugehen. Hingegen kann man gegen einzelne Handlungen, die Teil des Mobbings bilden, vorgehen.

Beschwerden

Sehen wir uns zunächst Ihre Beschwerdeoptionen an:

- Ein Betroffener hat das Beschwerderecht beim Arbeitgeber (§ 84 BetrVG). Dieser muss die Beschwerde prüfen und – wenn er sie für berechtigt hält – Abhilfe schaffen. Hilft der Arbeitgeber nicht ab, kann er verklagt werden.

- Der Betroffene hat darüber hinaus das Beschwerderecht bei externen Stellen (§ 17 Abs. 2 ArbSchG). So kann er sich bei Behörden wie dem Landesamt für Arbeitsschutz beschweren, nachdem innerbetrieblich alles versucht wurde.

- Ebenso kann er sich an den Betriebsarzt (§ 3 ArbSiG) und an der Ausschuss für Arbeitssicherheit wenden. Diese haben jedoch nur beratende Funktion. Die Hilfe des Betriebsarztes ist aber bei Wiedereingliederungen und Versetzungen nicht zu unterschätzen.

- Schließlich hat er das Beschwerderecht beim Betriebsrat (§ 85 Abs. 1 BetrVG). Der BR prüft die Beschwerde und hat verschiedene Möglichkeiten zu helfen, einschließlich der Anrufung einer Einigungsstelle.

- Im Rahmen des Beschwerdeverfahrens kann ein Versetzungsantrag gestellt werden. Dies ist vor allem sinnvoll, wenn das Mobbing vom Vorgesetzten ausgeht, kann aber ggf. auch bei Kollegenmobbing angezeigt sein.

- In manchen Betrieben gibt es eine Betriebsvereinbarung gegen Mobbing, die entsprechende Rechte und Vorgehensweisen festlegen. Prüfen Sie, ob in Ihrem Betrieb eine solche Vereinbarung existiert. Die Betriebsvereinbarung legt genau fest, an wen man sich zu wenden hat. In zertifizierten Betrieben steht so etwas üblicherweise im Qualitätsmanagement-Handbuch.

- Es besteht ein Anspruch auf vertragsgemäße Beschäftigung. Dieser greift vor allem bei der Zuweisung von erniedrigenden Aufgaben oder Tätigkeiten, die von den bisherigen stark abweichen. Dazu gibt es Grundsatzentscheidungen des Bundesarbeitsgerichtes. In diesem Fall bedarf es unbedingt juristischen Beistands.

- Es besteht ein Anspruch auf Behandlung nach „Recht und Billigkeit" durch den Arbeitgeber (§ 75 Abs. 1 BetrVG). Hier gibt es Überschneidungen mit dem neueren Allgemeinen Gleichbehandlungsgesetz (AGG). Die Details müssen bei einem Experten erfragt werden.

Klage

Bleibt eine Beschwerde fruchtlos, kommt es zur Klage und zum Rechtsstreit. Spätestens jetzt benötigen Sie einen Fachanwalt für Arbeitsrecht. Im Folgenden sind die häufigsten Klagemöglichkeiten erwähnt:

- Es besteht ein Anspruch auf Zurücknahme einer ungerechtfertigten Kündigung (§§ 823, 1004 BGB). Auch eine ungerechtfertigte Abmahnung und Versetzung muss ggf. zurückgenommen werden.

- Es bestehen sogenannte zivilrechtliche Unterlassungs- und Beseitigungsansprüche (§§ 12, 862, 1004 BGB), wenn es durch Mobbing zu einem Eingriff in das Persönlichkeitsrecht gekommen ist.

- Es besteht möglicherweise Anspruch auf Schadensersatz und Schmerzensgeld (§§ 823 ff BGB, § 847 BGB). Besonders interessant sind diese Ansprüche im Zusammenhang mit einer Beendigung des Arbeitsverhältnisses.

- Schließlich existieren noch strafrechtliche Möglichkeiten. Dieser Bereich ist sehr umfangreich und umfasst z. B. Körperverletzung, Beleidigung, üble Nachrede oder Verleumdung, außerdem Nötigung (= unter Androhung zu etwas gezwungen werden), Körperverletzung, sexuelle Belästigung und Sachbeschädigung. In diesen Fällen gibt es die Möglichkeit der Strafanzeige bzw. eines Privatklagever fahrens. Auch das müssen Sie sich von einem Juristen genau erklären lassen.

Ein Problem liegt darin, Zeugen zu finden, die bereit sind, gegen ihren Arbeitgeber auszusagen. Man will ja nicht als Nestbeschmutzer gelten. Die Beweislast liegt beim Mobbingopfer. Mobbing besteht aus mehreren Einzelhandlungen. Formal muss es daher gelingen, die Sachlage so darzustellen, dass auf diese Einzelhandlungen das sogenannte Prinzip der „globalen Beurteilung" angewendet wird. Es nützt wenig, wenn z.B. von 22 Beleidigungen nur drei Einzelvorgänge geahndet werden und man nicht die allgemeine Tendenz zu Schikane und Ausgrenzung anerkennt. Auch der Kausalzusammenhang zwischen einzelnen Handlungen und ihren Folgen ist oft schwer zu belegen. Schließlich muss ein Angestellter auch kritikfähig sein und mit Kontrollen durch Vorgesetzte rechnen.

Wenn es zum Prozess kommt

Prozesse dauern oft relativ lange und nur wenige halten es aus, länger als zwölf Monate mit dem Arbeitgeber (Regelfall) oder einem Kollegen (eher die Ausnahme) im Streit zu liegen. Ein Arbeitgeber kann Prozesse auch in die Länge ziehen, bis der Gegenseite das Durchhaltevermögen ausgeht. In den letzten Jahren haben immerhin mehrere Musterurteile die Rechte von Mobbingopfern gestärkt. Personen, die solche Prozesse gewonnen haben, berichten allerdings über noch schwierigere Bedingungen nach ihrer Rückkehr ins Unternehmen, weil ihr Arbeitgeber durch den Prozess sein Gesicht verloren zu haben glaubte. Oft wird dann ein Arbeitsverhältnis aufgelöst, weil die Vertrauensbasis auf beiden Seiten nicht mehr vorhanden ist.

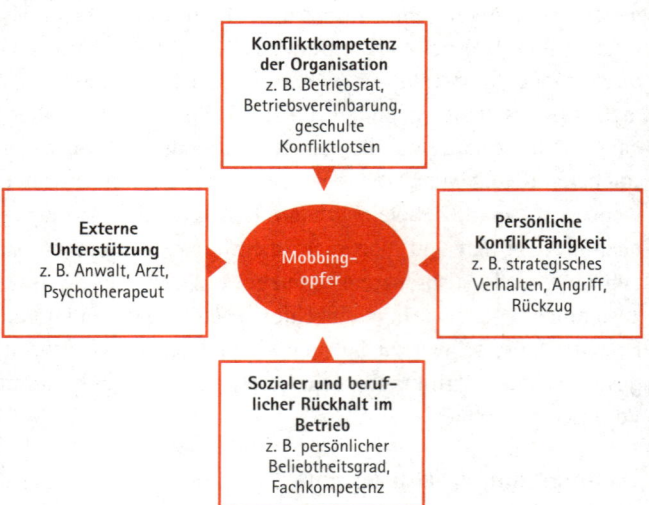

Was hilft bei Mobbing?

Belastbarer und stabiler werden

Eine Frage, die im Zusammenhang mit Mobbing immer wieder auftaucht: Kann man die eigene Belastbarkeit steigern, um das Mobbing besser zu ertragen (während man parallel versucht, es zu unterbinden)? Gibt es z.B. eine Technik, die einem hilft, die innere Ruhe zu bewahren, wenn der Chef einen anschreit?

Aussitzen

Beispiel: Nur noch ein paar Jahre

 Herr H. rechnet sich wenig Möglichkeiten aus, die Rahmenbedingungen an seinem Arbeitsplatz zu verändern. Es gibt praktisch keine Versetzungsmöglichkeiten, die Firma ist sehr klein. Herr H. hat nur noch wenige Jahre bis zur Rente. Er lebt in einer strukturschwachen Region und würde keine andere Arbeit finden. Er hat es schon versucht, aber überall nur gehört, er sei zu alt. Auch hat er schon eine sehr lange Betriebszugehörigkeit, die mit einigen vertraglichen Vorteilen verbunden ist, die er nicht aufgeben möchte. Er überlegt sich also, welche Möglichkeiten es gibt, um das Mobbing noch eine begrenzte Zeit auszuhalten.

In unserem Beispiel muss Herr H. eine begrenzte Zeit überbrücken. Es gibt dafür keine Erfolgsgarantie, der Versuch kann auch fehlschlagen. Diese Strategie kommt für Sie in Frage, wenn nur noch ein überschaubarer Zeitraum vor Ihnen liegt. Sie haben sich in diesem Fall vorher genauestens informiert, wann Sie frühestens (z. B. mit Abzügen) in Rente gehen können, oder wissen bereits, dass der Mobber in absehbarer Zeit die Abteilung wechselt oder seinerseits in Rente geht. Sie müssen also vielleicht noch zwei oder drei Jahre Zeit gewinnen und wollen es versuchen. In Absprache mit Ihrem Hausarzt können Sie ggf. auch durch Auszeiten (Krankschreibung, Kur) Zeit gewinnen.

Das dicke Fell

Auch wenn Sie noch viele Berufsjahre vor sich haben, lohnt es sich natürlich, Ihre Abgrenzungsfähigkeit zu verstärken. Schützen müssen Sie sich ohnehin, nicht nur, wenn keine Jobalternativen in Frage kommen. Das Bemühen um Selbstschutz sollte jedoch nicht dazu führen, dass Sie auf weitere Maßnahmen verzichten. An erster Stelle muss immer der Versuch stehen, das Mobbing zu unterbinden, und nicht, es besonders heldenhaft auszuhalten. Aussitzstrategien haben ihre Grenzen. Unterschätzen Sie die Wirkung des Mobbings nicht! Bis zu einem gewissen Grad kann es tatsächlich gelingen, die eigene Einstellung und Haltung zu verändern, sodass einen das Mobbing nicht mehr so verletzt. So gilt es zu lernen, sich Beleidigungen nicht so nahegehen zu lassen, Abstand zu den Gehässigkeiten des Kollegen oder des Vorgesetzten aufzubauen und auch einmal innerlich auf Durchzug zu schalten.

Beispiel: Positive Ablenkung

Frau T. hat an der VHS einen Kurs zur Stressbewältigung besucht. Sie hat dort verschiedene Techniken zur Aufmerksamkeitslenkung gelernt. Wenn ihre Kollegin Frau O. mal wieder gehässig ist, lenkt sie sich bewusst ab. Sie legt z. B. eine Kaffeepause ein und verlässt das Büro, oder sie richtet Ihre Aufmerksamkeit auf angenehme Außenreize wie kraftspendende Bilder auf ihrem Schreibtisch. Sie betrachtet dann ein Urlaubsfoto oder hört gezielt auf Vogelzwitschern im Hintergrund. Wenn sich die Lage weiter zuspitzt, stellt sie sich in Gedanken ein inneres Stoppschild vor und beschließt, die Situation nicht weiter eskalieren zu lassen. Dann lenkt sie ihre Gedanken auf neutrale oder positive Themen. Sie denkt z. B. an geplante Freizeitaktivitäten, Hobbys und nette Menschen aus ihrem Umfeld. Wenn Frau T. sich dabei ertappt, negative Gedanken zu wiederholen (wie z. B. „Ich halte das nicht mehr aus!"), unterbricht sie diese und gibt sich stattdessen bewusst positive Selbstanweisungen, wie z. B. „Ich schaffe das!" Sie ermuntert sich sozusagen selbst. Außerdem denkt Frau T. an verschiedene Entspannungsmethoden, wie z. B. ihr abendliches Yoga, das sie noch vor sich hat.

Selbstbewusstsein zeigen

Entmutigen Sie den Mobber: Reagieren Sie nicht auf verbale Angriffe. Lernen Sie Schlagfertigkeit (z. B. in einem Rhetorikkurs an der VHS, s. auch die TaschenGuides „Schlagfertigkeit" oder „Rhetorik") und wenden Sie diese Techniken an. Finden Sie Ihre eigenen Schwachstellen heraus (nicht nur die des Mobbers) und mindern Sie in diesem Bereich Ihre Angreifbarkeit. Nehmen wir z. B. an, dass Sie mit einer neuen Computersoftware nicht sicher umgehen können und Ihnen das immer wieder vorgeworfen wird. Dann könnten Sie z. B. einen entsprechenden Lehrgang besuchen. Sobald Sie sicherer geworden sind, bieten Sie weniger Angriffsfläche. Grundsätzlich gilt es, dem Mobber gegenüber mehr Selbstbewusstsein zu zeigen. Sie wissen, was Sie können. Warum sollte auf einmal etwas schlecht sein, was Sie vorher jahrelang richtig gemacht haben?

Ausgleich in der Freizeit

Daneben müssen Sie alles tun, um sich zu stabilisieren. Finden Sie einen Ausgleich, der Ihnen hilft, mit der Situation besser umzugehen. Wenn Sie im Freizeitbereich für Ausgleich und Unterstützung sorgen, sind Sie gelassener und beruflich nicht mehr so angreifbar. Wenn Sie ausgeglichen zur Arbeit gehen und wissen, dass Sie sich später wieder in Ihren sicheren Hafen zurückziehen können, ertragen Sie auch mehr.

Stress wirkt sich sowohl auf der körperlichen wie auch auf der seelischen Ebene aus. Durch das Mobbing werden Sie in einem ständigen Anspannungszustand gehalten. Klassische Folgen sind psychosomatische Beschwerden. Um die körperliche Anspannung abzubauen, können Sie z. B. Sport treiben oder Entspannungs- und/oder Meditationsübungen praktizieren. Machen Sie sich aber nichts vor. Sport und Entspannung sollen nicht eine Art Kosmetik sein, um die lästigen Spannungssymptome endlich loszuwerden. Nicht umsonst sendet der Körper ja die Stresssignale, um darauf hinzuweisen, dass etwas nicht in Ordnung ist. Das bloße Wegtherapieren der Symptome ändert nichts an deren Ursachen. Mit denen müssen Sie sich natürlich weiter auseinandersetzen, z. B. in einer Therapie oder Selbsthilfegruppe.

Neubewertung der Situation

Stress hat sehr viel mit der Bewertung einer Situation zu tun. Wenn man einer Situation eine andere Bedeutung gebe, verursacht sie vielleicht auch weniger Stress. Sie kennen sicherlich die Metapher von dem Glas, das je nach Betrachter entweder halb voll oder halb leer ist. Wenn Sie sich intensiv mit folgenden Fragen beschäftigen, gelingt es Ihnen vielleicht, mehr Abstand zu gewinnen und etwas gelassener zu werden. Psychologen nennen das „kognitive Umstrukturierung".

Leitfragen, um die Situation neu zu bewerten

1 Gebe ich mir eine Teilschuld an dem Konflikt?
Was kann ich gegen diese Schuldgefühle tun und wie kann ich mich selbst weniger anklagen? Haben die anderen vielleicht sogar Recht, wenn sie mich meiden? Habe ich Selbstzweifel? Eine Neubewertung wäre z. B. der Satz: „Ich habe mir nichts vorzuwerfen" oder „Ich bin nicht auf die Gunst von XYZ angewiesen."

2 Wie denke ich über die Angreifer?
Gibt es bei mir Rachegefühle? Was kann ich tun, um meinen Ärger besser zu kontrollieren? Eine Neubewertung wäre z. B.: „Ich habe so einen Konflikt gar nicht nötig."

3 Welche Motive vermute ich bei meinen Angreifern?
Habe ich mich genügend in sie hineinversetzt? Habe ich versucht, die Situation zu verstehen? Neubewertung: „Ich habe alles versucht, um den Frieden wiederherzustellen. Es besteht offenbar kein Interesse an einer Lösung. Dann halt nicht! Damit kann ich auch leben."

4 Wie gehe ich mit der Kränkung um?
Was kann ich gegen das Gefühl tun, mich jahrelang engagiert zu haben und jetzt fallengelassen zu werden, weil man mich nicht mehr braucht? Neubewertung: „Auch wenn ich es bisher nicht wahrhaben wollte, ist jeder Mensch ersetzlich. Damit

muss ich mich abfinden. Ich bin nicht auf die Anerkennung dieser unkollegialen Menschen angewiesen."

5 **Wie gehe ich damit um, dass man mir nicht so hilft, wie ich mir das wünsche?**
Neubewertung: „Recht haben und Recht bekommen sind zweierlei. Ich finde mich damit ab."

6 **Welche der Mobbinghandlungen sind für mich am gefährlichsten oder am meisten belastend?**
Neubewertung: „Das ist etwas, was ich mir ab jetzt nicht mehr gefallen lassen will. Ich setze hier eine Grenze. Ich rede mir die Situation nicht mehr schön."

7 **Stelle ich bestimmte Prinzipien und Werte anderer in Frage?**
Neubewertung: „Es müssen ja nicht alle derselben Meinung sein wie ich."

Ausgleich auf der Gefühlsebene

Im emotionalen Bereich ist für eine gute soziale Unterstützung zu sorgen, vor allem im Familien- und Freundeskreis. Natürlich kommen auch Kollegen in Frage, zu denen man ein gutes Verhältnis hat, und man kann versuchen, sie als Verbündete zu gewinnen. Gerade diese Hilfsquelle wird aber im Mobbingprozess häufig gezielt angegriffen (Stichwort: Isolierung). Dennoch gelingt es vielleicht, sich zumindest die Solidarität einiger Kollegen zu bewahren. Arbeitsfreundschaften sind aber vergleichsweise zerbrechlich. Freunde und Familienangehörige sind da verlässlicher und sollten einem Rückhalt geben. Bei ihnen findet man Trost und Unterstützung. Mit ihnen kann man für Zufriedenheitserlebnisse in der Freizeit sorgen, die einem helfen, abzuschalten und den Kummer und Ärger aus der Arbeit hinter sich zu lassen. Pflegen Sie Ihren Freundeskreis und planen Sie ausreichend Zeit mit Ihrer Familie ein.

> Mobbing greift die soziale Ebene an. Das führt zu Rückzug. Dieser verstärkt Selbstzweifel und nagt am Selbstwertgefühl. Ziehen Sie sich also nicht zurück, sondern pflegen Sie Ihre sozialen Kontakte mit den Menschen, die es gut mit Ihnen meinen.

Sprechen Sie die Probleme auf der Arbeit ruhig zu Hause an und versichern Sie sich dieser Unterstützung. Aber Vorsicht! Es kann passieren, dass sich Ihr privates Umfeld durch Ihre Sorgen überfordert fühlt. Wenn sich der Mobbingprozess lange hinzieht, wollen sich Ihre Familienangehörige und Freunde vielleicht irgendwann nicht mehr die immer gleichen Geschichten anhören. Wägen Sie also ab, wie viel Sie Ihrem Umfeld zumuten können. Behalten Sie aber auch nicht alles für sich, weil Sie niemandem zur Last fallen wollen. Sollten Sie allerdings merken, dass Sie zusätzliche Unterstützung benötigen, zögern Sie nicht, Ihren Hausarzt aufzusuchen oder ein Beratungsgespräch beim Psychotherapeuten in Anspruch zu nehmen.

Was Sie vermeiden sollten

Die beschriebenen Maßnahmen sind konstruktive Lösungsversuche. Es gibt aber auch ungünstige Formen der Mobbingbewältigung. Diese sollten Sie auf jeden Fall vermeiden!

Achtung Suchtgefahr!

Die Versuchung ist groß, früher oder später Medikamente einzunehmen oder sich zu dopen. Es mag vorübergehend sinnvoll sein, in Absprache mit Ihrem Arzt Medikamente einzunehmen, um sich zu stabilisieren. Doch für diese gilt ebenso wie für Sport und Entspannungsmethoden, dass sie zwar die Symptome lindern, aber nicht die Ursache beheben. Besonders Beruhigungsmittel (sogenannte Tranquilizer) können nur kurz eingenommen werden, bevor eine Medikamentenabhängigkeit entsteht. Wägen Sie also gemeinsam mit Ihrem Arzt genau die Vor- und Nachteile gegeneinander ab.

Dasselbe gilt für Aufputschmittel, die bei der Stressbewältigung helfen sollen. Wenn Sie sich dopen, um länger wach zu bleiben oder besser durchzuhalten, verschieben Sie zusätzlich Ihren Schlaf-Wach-Rhythmus – ein weiteres Problem entsteht.

Eins der gefährlichsten Ventile ist aber der Alkohol. Kurzfristig ist seine Wirkung vielleicht entspannend und erleichternd. Langfristig (und in größeren Mengen) wirkt er aber abstumpfend und dämpfend, ganz zu schweigen von der drohenden Abhängigkeit. Sie geben außerdem den Mobbern eine Steilvorlage, wenn man irgendwie mitbekommt, dass Sie vermehrt trinken! Dasselbe gilt für andere Süchte. Es fängt zunächst als ein Ventil an, um Frust abzulassen, und wird dann zur Sucht. Essen, Glücksspiel und Arbeitssucht aus Frust sind Klassiker und ein Zeichen für die Flucht aus der Realität. Lassen Sie den Kühlschrank zu! Keine Frustkäufe! Kein Zocken! Keine Flucht in die Arbeit!

Übrigens: Wenn Sie mehr arbeiten, um zu beweisen, dass die Mobbingvorwürfe gegen Sie nicht gerechtfertigt sind, geraten Sie nur in eine unnötige Rechtfertigungsfalle. Wenn Sie nur noch bei der Arbeit sind, weil Sie Ihr soziales Netz gekappt haben, und es außer der Arbeit keinen Lebensinhalt mehr für Sie gibt, dann wird es dringend Zeit für eine Kehrtwende. Entdecken Sie schleunigst wieder Ihr Privatleben!

Auf keinen Fall: Die Opferhaltung verfestigen

Sie müssen irgendwann die Opferrolle ablegen. Vermeiden Sie es, zu einem professionellen Benachteiligten und hauptamtlich ungerecht Behandelten zu werden, der sich von morgens bis abends nur noch damit beschäftigt, welches Unrecht ihm widerfahren ist. Machen Sie aus dem Mobbing keine Obsession. Wenn Sie laufend Ihre Ärzte und Anwälte, Selbsthilfegruppen und Psychotherapeuten wechseln, weil Sie scheinbar niemand versteht, haben Sie sich womöglich zu sehr auf das Thema versteift und ihm zu viel Raum gegeben. Es gilt stattdessen, das Leben jenseits des Mobbings wieder zu entdecken.

Selbst mobben

Dies ist ein Tabuthema, das sehr kontrovers diskutiert wird. Dennoch steht es natürlich im Raum. Wenn die konventionellen Gegenmaßnahmen wie das klärende Gespräch oder das Einschalten von Vorgesetzten und Betriebsrat wirkungslos geblieben sind, dann kommt man vielleicht auf die Idee, selbst für „Gerechtigkeit" zu sorgen. Soll man sich alles gefallen lassen? Ist nicht der, der nachgibt, immer der Dumme? Gibt es nicht ein Recht auf Selbstverteidigung? Der Hauptkritikpunkt an dieser Vorgehensweise lautet, dass Sie sich auf dasselbe Niveau wie das des Mobbers herablassen. Damit tragen Sie zu dem bereits bestehenden schlechten Betriebsklima bei. Umgekehrt kann Ihnen jetzt auch vonseiten der Vorgesetzten oder Kollegen vorgeworfen werden, dass Sie ja auch nicht viel besser seien. Sie bewegen sich also auf Glatteis.

Beispiel:

 Herr L wird schon seit längerer Zeit von Herrn B. geschnitten. Im Rahmen einer Urlaubsplanung bietet sich die Gelegenheit zur Revanche. Es gelingt Herrn L, den dringend benötigten Urlaub von Herrn B. zu kippen. Als er außerdem mitbekommt, dass Herrn B. ein gravierender Fehler in einer Abrechnung unterlaufen ist, schwärzt er ihn bei der Geschäftsleitung an. Befriedigend ist die Situation trotzdem nicht. Es wird für die beiden Kollegen dadurch noch schwieriger, sich zu verständigen, und bei Herrn L. entwickeln sich die ersten Schlafstörungen, die er medikamentös unterdrückt.

Das Mobbing ist zu Ende – was bleibt zu tun?

Wie endet ein Mobbingprozess? Nachdem alle in diesem Kapitel geschilderten Maßnahmen ergriffen wurden, kann sich die Situation folgendermaßen darstellen.

Äußerliche Situation

Die Lösung des Konfliktes hängt von der Schwere der Mobbinghandlungen, von deren Dauer und von den beteiligten Personen ab. Wenn die Interventionen erfolgreich waren, dann kann Folgendes passiert sein:

- Einsicht: Der Mobber sieht seinen Fehler glaubhaft ein und entschuldigt sich. Es kommt zur Versöhnung.

- Versachlichung des Konflikts: Ein ursprünglicher Sachkonflikt war irgendwann auf die persönliche Ebene gewechselt. Es gelingt, ihn wieder auf die Sachebene zurückzuholen.

- Veränderung des Kräfteverhältnisses: Der Betroffene hat sich erfolgreich gewehrt. Der Betrieb missbilligt das Geschehen. Kollegen haben sich mit dem Opfer solidarisiert. Weitere Mobbinghandlungen wurden erfolgreich durch Verwarnungen unterdrückt.

- Trennung der Konfliktparteien: Der Mobber, der Betroffene oder beide werden versetzt. Die Kontrahenten laufen sich nun nicht mehr über den Weg oder haben nur noch das Nötigste miteinander zu tun.

- Nachhaltige Bestrafung des Mobbers durch Disziplinarmaßnahmen: Das ist natürlich der ungünstigste Verlauf. Vorgesetzte greifen nur dann zu solchen Maßnahmen, wenn sie dazu gezwungen werden und alle Schlichtungsversuche gescheitert sind. Vielleicht haben Abmahnungen das Mobbing unterbunden. Leider kann es im Einzelfall erforderlich werden, dem Täter zu kündigen. Hier liegt natürlich keine Aussöhnung mehr vor, sondern man hat die Notbremse gezogen, weil alle anderen Maßnahmen nicht gegriffen haben.

Von betrieblicher Seite wurde damit alles nur Denkbare getan. Im Idealfall wird der Konflikt nun außerdem über mehrere Monate genau beobachtet, um sicherzustellen, dass er wirklich befriedet wurde.

Die psychische Befindlichkeit

Wenn der Mobbingprozess länger angedauert hat, ist damit zu rechnen, dass sich eine psychische, soziale und vielleicht auch körperliche Beeinträchtigung entwickelt hat. Der Betroffene braucht also die Möglichkeit zur Heilung.

> Im Anschluss an Mobbing muss mit einer längeren Erholungs- und Verarbeitungsphase gerechnet werden. Diese sollte mit ärztlicher und psychotherapeutischer Unterstützung einhergehen.

Kränkungen und Enttäuschungen verarbeiten

Nehmen wir einmal an, das Mobbing wurde beendet. Es kann nun sein, dass Sie mit der Lösung zufrieden sind, vielleicht haben Sie sich aber auch mehr versprochen. Sie hatten womöglich gehofft, dass der Mobber entlassen wird, doch nun ist er immer noch im Betrieb, wenn auch in einer anderen Abteilung. Oder es waren mehrere Personen beteiligt und die Situation war so komplex, dass keine einfache Lösung zustande kam. Vielleicht hat die Geschäftsleitung sogar Ihre eigene Versetzung angeordnet, d.h., Sie mussten weichen, obwohl Sie doch eigentlich unschuldig waren. Angesichts dieser Lösung sind Sie nun empört, denn es wurde nur ein fauler Kompromiss erzielt. Das wird in vielen Fällen geschehen. Wir erinnern uns: Trotz der zahlreichen rechtlichen Möglichkeiten lässt sich Mobbing oft nur schwer beweisen. Im innerbetrieblichen Machtgefüge gibt es oft keine hundertprozentige Gerechtigkeit. Die Vorgesetzten haben Vor- und Nachteile gegeneinander abgewogen und sind zu keiner besseren Lösung gekommen.

Ihre Enttäuschung ist jetzt verständlich und nachvollziehbar. Sie können diese Frustration und scheinbar ungerechte Behandlung durchaus mit Ihrem Vorgesetzten, Ihrem Arzt oder Therapeuten und Ihrer Familie sowie Ihren Freunden noch einmal besprechen. Dennoch müssen Sie jetzt irgendwann an einen Punkt gelangen, wo sie Abstand gewinnen und einen befriedigenden Neuanfang gestalten können. Es besteht sonst die Gefahr, dass Sie keine Ruhe finden und sich immer weiter in Gerechtigkeitsforderungen hineinsteigern. So berauben Sie sich einer Chance. Für einen Neuanfang muss man irgendwann die Vergangenheit hinter sich lassen. Das ist wie in einem Trauerprozess. Lassen Sie sich von Ihrem sozialen Umfeld dabei helfen und nehmen Sie sich genügend Zeit.

Beispiel:

> Herr G. sah irgendwann ein, dass eine gerechte Auflösung der Mobbingsituation nach seinen Vorstellungen nicht möglich war. Die Situation war sehr komplex, und einige betriebliche Interessen mussten gewahrt werden. Deshalb erschien ihm der ausgehandelte Kompromiss der Geschäftsleitung nur als halbherzig. Er akzeptierte ihn aber und machte das Beste daraus. Der Psychotherapeut von Herrn G. zeigte ihm einige Übungen zur Trauerbewältigung und zum Thema „Loslassen". Herr G. trat außerdem einen längeren Urlaub mit seiner Familie an und nahm alte Hobbys wieder auf, die er jahrelang vernachlässigt hatte. Irgendwann gelang es ihm, genügend Abstand zu gewinnen.

Ich behaupte nicht, dass das Mobbing zu diesem Zeitpunkt bagatellisiert werden sollte. Der Betroffene ist ja tatsächlich gekränkt und erniedrigt worden. Das Ziel ist aber, dass Sie durch die Erfahrung gestärkt werden und Ihre Wunden irgendwann verheilt sind. Wenn die Mobbinghandlungen wirklich ein Ende gefunden haben, sollte es mit Hilfe Ihrer Unterstützer gelingen, über diese Erfahrung hinwegzukommen. Schwieriger wird es sicherlich, wenn Sie durch eine Versetzung aus der Schusslinie genommen wurden, noch schwieriger (aber nicht unmöglich), wenn sie nur durch eine Kündigung einen Schlussstrich ziehen konnten. In diesem Fall wird der Prozess der Heilung und Stabilisierung wahrscheinlich längere Zeit in Anspruch nehmen. Vielleicht sind Sie aber auch froh, alles endlich hinter sich zu wissen und einen Schlussstrich ziehen zu können.

Positive Aspekte würdigen

Mobbingopfer, die vor Ihnen diesen Prozess erfolgreich durch-laufen haben, berichten über die folgenden Aspekte, die ihnen bei der inneren Verarbeitung geholfen haben:

- Erlebt zu haben, dass der ehemalige Mobber selbst irgend-wann Opfer seiner Negativität wurde

- In Selbsthilfegruppen erfahren zu haben, dass auch andere „starke" Persönlichkeiten unter Mobbing litten

- Die eigene Schwäche und Hilflosigkeit des Mobbers durch-schaut zu haben

- Einen Ansehensverlust des Mobbers erlebt zu haben

- Die Situation erhobenen Hauptes überstanden zu haben

- Trotz des Mobbings berufliche Anerkennung erfahren zu haben

- Die Sympathie von Arbeitskollegen und/oder Vorgesetzten gewonnen zu haben

- Solidarität durch Freunde und Familie erfahren zu haben

- Den Glauben an sich selbst bewahrt zu haben

- Über sich selbst hinausgewachsen zu sein

- Selbst gerecht und fair geblieben zu sein

Dies sind nur ein paar Anregungen von Menschen, die das Mobbing psychisch verarbeitet haben und die hinterher von sich sagen konnten, gestärkt und gewachsen aus dieser Er-fahrung herausgekommen zu sein. Es gibt also Hoffnung!

Auf einen Blick: Sich selbst helfen

- Zuerst gilt es, die Situation zu verstehen (dazu machen Sie eine erste Bestandsaufnahme), Beweise zu sammeln und ein Mobbingtagebuch zu führen. Es empfiehlt sich, Verbündete unter den Arbeitskollegen zu suchen.

- Bisweilen lohnt sich die direkte Konfrontation mit dem Mobber: Ein Konfliktgespräch könnte die Situation klären.

- Wenn das Gespräch scheitert, sollten Sie sich als Nächstes an Vorgesetzte und/oder Betriebsrat wenden.

- Eine Rechtsberatung über die Möglichkeiten und Chancen, rechtliche Mittel zu ergreifen, ist empfehlenswert.

- Wichtig sind Stressabbau (Entspannung, Sport, Hobbys) und Rückhalt in Familie und Freundeskreis.

- Ärztliche und psychologische Betreuung sind hilfreich und ab einer bestimmten Eskalationsstufe sogar unbedingt notwendig.

- In manchen Fällen kann nur die Versetzung oder die eigene Kündigung eine Lösung herbeiführen. Denken Sie im Falle einer Kündigung an das Zeugnis!

- Nach Abschluss des Mobbingprozesses (und währenddessen) müssen Sie die Kränkungen und Enttäuschungen verarbeiten. Lassen Sie sich dabei helfen.

- Irgendwann können Sie den Mobbingprozess auch innerlich hinter sich lassen! Andere Betroffene vor Ihnen haben es bereits geschafft. Sie können es auch. Nur Mut!

Wie können Vorgesetzte und Kollegen helfen?

Wer den Eindruck hat, dass ein Kollege oder Mitarbeiter gemobbt wird, muss nicht tatenlos zusehen. Es gibt einige Möglichkeiten, hilfreich einzugreifen.

In diesem Kapitel lesen Sie,

- was Sie als Führungskraft konkret tun können,
- wie Sie ein Frühwarnsystem im Unternehmen einrichten und Mobbing effektiv vorbeugen,
- wie Sie als Kollege aktiv werden.

Als Führungskraft im konkreten Fall eingreifen

Was kann man als Vorgesetzter tun, um einen konkreten Mobbingfall zu beenden?

Gespräche führen

Wenn Sie auf einen Mobbingfall angesprochen werden, beginnen Sie mit einer Konfliktanalyse. Dazu führen sie Gespräche mit den beteiligten Personen: immer zunächst einzeln, später gemeinsam, sofern dies hilfreich erscheint. Wichtig ist es, während dieser Gespräche sachlich und neutral zu bleiben. Bleiben Sie unparteilich und vermeiden Sie Vorverurteilungen. Unternehmen Sie ggf. einen Schlichtungsversuch, aber bieten Sie keine Patentrezepte an.

Checkliste: Bestandaufnahme in Gespräch
▪ Worum geht es in dem Streit?
▪ Welche Parteien sind beteiligt?
▪ Wie ist der Konflikt bislang verlaufen? Welche Mobbinghandlungen sind aufgetreten?
▪ Welche Machtpositionen und Befugnisse haben die Beteiligten?
▪ Welche Beziehungen haben sie untereinander?
▪ Welchen Nutzen ziehen die jeweils Beteiligten aus diesen Beziehungen? Welche Nachteile erfahren sie daraus?

- Welche Grundeinstellung zum Konflikt haben die betroffenen Parteien?

- Wird der Konflikt für lösbar gehalten und was wird von einer Lösung erwartet? Welche Lösungen gibt es?

- Droht der Konflikt sich auszuweiten oder ist er begrenzbar?

- Was wurde bisher schon unternommen?

Maßnahmen ergreifen

Nach Abschluss der Analyse, in einem eindeutigen Mobbingfall bei klarer Beweislage und wenn Schlichtungsversuche gescheitert sind, müssen Sie nach anfänglicher Zurückhaltung jetzt eine eindeutige Position beziehen, das destruktive Verhalten aufzeigen und Verhaltensänderungen einfordern. Ggf. müssen Sie jetzt auch Sanktionen androhen und/oder verhängen. Am besten sprechen Sie sich vorher mit Ihrer Rechtsabteilung ab, um die formalen Voraussetzungen hierfür zu klären. Folgende kurzfristige Maßnahmen stehen Ihnen zur Verfügung:

- Räumliche Trennung der Kontrahenten

- Aufgaben der Kontrahenten neu verteilen

- Ermahnung eines oder beider Kontrahenten

- Abmahnung eines oder beider Kontrahenten (wenn die rechtlichen Voraussetzungen dazu gegeben sind)

- Versetzen eines Kontrahenten

- Kündigung des Aggressors (wenn die rechtlichen Voraussetzungen dazu gegeben sind)

- Den Informations- und Kommunikationsfluss unabhängig von den Kontrahenten gestalten, um den Ausschluss einer Partei aus der unternehmensinternen Kommunikation zu verhindern

- Präsenz zeigen: Arbeitsbesprechungen im betroffenen Bereich ausschließlich unter Beteiligung eines Vorgesetzten durchführen

> Disziplinarische Schritte sind möglichst immer mit dem Betriebsrat abzustimmen, der spätestens jetzt eingeschaltet werden muss.

Richtig nachsorgen

Auch wenn der Fall früh erkannt wurde und sich scheinbar lösen ließ, sollten Sie misstrauisch bleiben. Vielleicht ist der Täter jetzt einfach nur vorsichtiger geworden und wird bei passender Gelegenheit wieder aktiv. Sie sollten daher eine Art „Mobbingnachsorge" einrichten. Der Bereich, in dem das Mobbing aufgetreten ist, muss unter Beobachtung bleiben. Sie sollten auch mindestens ein Nachfolgetreffen innerhalb von drei Monaten mit den Beteiligten vereinbaren. Sprechen Sie auch gelegentlich noch einmal das Opfer an und erkundigen Sie sich, ob die Lage sich entspannt hat.

Ein Frühwarnsystem einrichten

Es kann auch sein, dass sich ein Konflikt im Verborgenen abspielt und niemand unmittelbar auf Sie zukommt. Allgemein sollten Sie daher im Sinne eines Frühwarnsystems hellhörig werden,

- wenn sich Mitarbeiter über Angriffe auf ihre Person oder ihre Arbeit beschweren, auch wenn es sich zunächst nur um „Kollegenscherze" zu handeln scheint.

- wenn sich immer dieselben Kollegen in die Haare geraten, trotz aller Vermittlungsversuche – es könnte sich um ein grundlegendes Problem handeln.

- wenn einzelne Mitarbeiter isoliert werden und keine Rückendeckung mehr erhalten.

- wenn ein Mitarbeiter entgegen seiner bisherigen Art auf einmal Aufgaben aus dem Weg geht. Vielleicht will er sich schützen.

- wenn sich die Arbeitsleistung in einem Bereich plötzlich und scheinbar grundlos verändert.

- wenn gehäuft Fehlzeiten und krankheitsbedingte Ausfälle auftreten. Dahinter muss nicht immer eine Überlastung stecken, es kann sich auch um einen Mobbingfall handeln.

Beispiel:

 Der Abteilungsleiter S. bemerkte, dass irgendetwas in seiner Abteilung nicht stimmte. Einige Mitarbeiter waren ungewöhnlich lange krank und gingen sich aus dem Weg. Herr W., der immer eine Stütze der Abteilung gewesen war, hatte um Versetzung gebeten. Die Beschwerden über das angeblich besonders unkol-

> legiale Verhalten zweier Mitarbeiter häuften sich. Ein weiterer
> Mitarbeiter, der sonst immer sehr fröhlich und temperamentvoll
> war, schwieg und wirkte immer mehr in sich zurückgezogen. Er
> versuchte eine bestimmte Schicht zu vermeiden, in die die beiden
> erwähnten Kollegen eingeteilt waren.

Dies sind allgemeine Anzeichen dafür, dass etwas nicht stimmen könnte. Dem sollten Sie kurzfristig, z.B. in Mitarbeiter-
gesprächen, nachgehen. Wenn Sie weiterhin nicht eingeschaltet werden (z.B. weil der Betroffene schüchtern oder
misstrauisch ist), sollten Sie geduldig und wiederholt Ihre
Gesprächsbereitschaft bekunden und sich als Vermittler zur
Verfügung stellen. Darüber hinaus können Sie nur hoffen, dass
der Betroffene sich an andere Ansprechpartner im Unternehmen wendet, z.B. den Betriebsrat. Es gibt bisweilen sogar den
Sonderfall, dass die Kontrahenten den Streit unter sich ausmachen wollen, d.h. bewusst die Öffentlichkeit nicht einschalten. Sobald aber der Betriebsfrieden leidet oder die
Arbeitsabläufe gestört werden, können Sie sich kaum noch
aus der Angelegenheit heraushalten und müssen eingreifen.

Mobbing vorbeugen

Welche mittel- und langfristigen Maßnahmen können Sie
unabhängig von konkreten Fällen ergreifen? Wie können Sie
sozusagen „generalpräventiv" gegen Mobbing vorgehen? Hier
einige Empfehlungen:

- Die Unternehmenskultur sollte partnerschaftlich sein, die
  Organisationsstrukturen überschaubar und der Führungs-

stil kooperativ. Das mag zunächst sehr allgemein klingen. Damit es nicht bei leeren Floskeln bleibt, sollten Sie über die Bedeutung dieser Begriffe immer wieder nachdenken. Natürlich ist hier die gesamte Führungsmannschaft des Unternehmens gefordert. Ein gutes Qualitätsmanagementteam in einem Unternehmen kann entsprechende Strukturen schaffen. Auch die Geschäftsführung muss einen solchen Wertekanon mittragen und verkörpern. Die genannten Punkte sollten sich durch alle Ebenen des Unternehmens ziehen und von allen Mitarbeitern gelebt werden.

- Mobbing sollte nicht verschwiegen, sondern thematisiert werden. Dazu gehören Aufklärung und Schulung von Mitarbeitern und Vorgesetzten, Informationsveranstaltungen im Betrieb, Betriebsversammlungen, Öffentlichkeits- und Diskussionsveranstaltungen sowie die Erstellung und Verbreitung von Arbeitsmaterialien und Informationen. Wenn Beschäftigte erleben, dass Intrigen als unsozial und unerwünscht gelten, wird Mobbing schwieriger. Diese Maßnahmen sollten möglichst schon umgesetzt werden, bevor in einem Unternehmen erstmals Mobbing auftritt. Sie müssen selbstredend mit der Geschäftsführung abgestimmt sein. Wenn Sie sich auf einer niedrigen Leitungsebene befinden, können Sie derartige Maßnahmen als Prävention deklarieren. Das Unternehmen spart damit Folgekosten durch Personalfluktuation und hohe Fehlzeiten.

- Supervisionsmöglichkeiten, regelmäßige Besprechungen in Arbeitsgruppen sowie Qualitätszirkel machen Konflikte früher transparent, sodass sie sich nicht aufstauen und verschleppt werden. Als allgemeine Regel gilt, Kommunikation und Teamarbeit zu fördern und sich auch selbst gesprächsbereit zu zeigen. Meinungsverschiedenheiten sollten möglichst rasch geklärt werden.

■ Ein betrieblicher Mobbing- oder Konfliktbeauftragter (Konfliktlotse) sollte ernannt oder eine betriebliche Anlaufstelle für Mobbingbetroffene eingerichtet werden.

■ Hilfreich ist auch eine Betriebs- bzw. Dienstvereinbarung zur Mobbingproblematik. Eine solche Vereinbarung legt einen Verhaltenskodex für die Mitarbeiter fest und beschreibt, wie man im Falle eines Verstoßes dagegen vorgeht.

Im Folgenden sind die Kernpunkte einer Betriebsvereinbarung nach obigem Muster aufgelistet.

Kernpunkte einer Betriebsvereinbarung
■ Der Geltungsbereich, d.h., für wen gilt die Vereinbarung?
■ Definition: Genaue Bezeichnung und Beschreibung von Mobbing im Gegensatz zum Konflikt, Benennung von untersagten Mobbinghandlungen.
■ Die Erklärung der Betriebspartner zur Ächtung von Mobbing (das sog. Belästigungsverbot), der Verhaltenskodex
■ Das Beschwerderecht der Betroffenen: Wer kann sich wie, wann und wo beschweren?
■ Die Zusammensetzung und Kompetenzen der betrieblichen Beschwerdestelle

- Die Interventionspflicht des Arbeitgebers, die Stufen der Beschwerdebehandlung, die im Betrieb geltenden Regeln zur Konfliktbewältigung

- Sanktionen: Mit welchen Sanktionen (bis hin zur Kündigung) ist bei Regelverletzungen zu rechnen? Hinweise zur Störung des Betriebsfriedens

- Benennung und Schulung von Ansprechpartnern im Betrieb (speziell qualifizierte Konfliktberater), deren Qualifizierung und Kompetenzen, die Einrichtung einer Anlaufstelle für Betroffene

- Einrichtung und Zusammensetzung einer Schlichtungsstelle bei Meinungsverschiedenheiten, Aufgaben und Kompetenzen ihrer Mitglieder

- Geltungsdauer und Kündigungsfristen der Vereinbarung

Die Betriebsvereinbarung muss natürlich an die Gegebenheiten des jeweiligen Unternehmens angepasst werden. Sie muss im nächsten Schritt auch gelebt werden. Es nützt wenig, wenn sie abgeheftet im Ordner vor sich hinschlummert.

Was die Interessenvertretung tun kann

Mit „Interessenvertretung" sind hier der Betriebs- oder Personalrat und/oder die Mitarbeitervertretung gemeint. Wird eine Beschwerde an den Betriebsrat herangetragen, macht sich dieser, wie im Abschnitt „Beschwerde bei den Interessenvertretungen" beschrieben, zunächst unvoreingenommen ein Bild der Lage. Kommt er zu dem Schluss, dass es sich um einen eindeutigen Fall handelt, schaltet er den Arbeitgeber ein. Danach suchen beide eine gemeinsame Lösung. Wie immer bemüht man sich vordringlich um eine Schlichtung. Wenn der Arbeitgeber die Beschwerde nicht für berechtigt hält, ruft der Betriebsrat die Einigungsstelle an. Wie schon weiter oben erklärt, ist die Einigungsstelle eine Instanz, die einschreitet, wenn sich Arbeitgeber und Betriebsrat nicht einigen können. Als letztes Mittel kann der Betriebsrat nach § 104 BetrVG vom Arbeitgeber die Versetzung oder gar Kündigung eines Mobbers verlangen, wenn der Betriebsfrieden wiederholt und ernsthaft gestört wurde.

Unabhängig von diesen Möglichkeiten sollten sich einige der Mitglieder des Betriebsrates als Konfliktlotsen schulen lassen (also entsprechende Fortbildungsangebote nutzen). Zudem kann der Betriebsrat darauf hinwirken, dass eine Betriebsvereinbarung gegen Mobbing in der Firma verabschiedet wird. In einer großen Firma sollten besondere Ansprechpartner für Konfliktgespräche bereitstehen (betriebliche Anlaufstelle). Die Mitarbeiter müssen wissen, an wen sie sich im Konfliktfall wenden können.

Als Kollege/Kollegin aktiv werden

Vielleicht haben Sie bemerkt, dass ein Kollege ins Kreuzfeuer geraten ist. Womöglich finden Sie, dass es ihm „recht geschieht", und Sie mögen ihn vielleicht auch nicht. Oder der

Fall ist Ihnen schlicht egal. Vielleicht haben Sie aber auch Angst, selbst zur Zielscheibe zu werden. Letztendlich ist es Ihnen überlassen, ob Sie zum Mitläufer und Wegbereiter werden oder aus Angst wegschauen. Wenn Sie aber die nötige Zivilcourage aufbringen und helfen wollen, dann haben Sie dazu verschiedene Möglichkeiten.

> Bevor Sie als Kollege einschreiten, machen Sie sich ein möglichst neutrales Bild der Situation. Bemühen Sie sich, nicht in den Konflikt mit hineingezogen und verstrickt zu werden.

Das können Sie als Mitarbeiter tun, wenn Kollegen gemobbt werden:

- Die betroffene Person ansprechen
- Ihr raten, sich Hilfe zu holen
- Ihr emotionale Unterstützung anbieten
- Sie eventuell bei Klärungsgesprächen begleiten
- Intrigen nicht unterstützen
- Destruktives Verhalten aufdecken und verdeutlichen
- Partei für die betroffene Person ergreifen (aber erst nachdem Sie sich einen Überblick verschafft haben!)
- Mitläufer ansprechen und sensibilisieren
- Opfer über Gerüchte und üble Nachrede informieren

Beispiel:

 Frau W. bemerkt, dass einige Kollegen sich gegen Frau R. verbünden und sie ausgrenzen. Sie informiert sich zunächst genau, worum es geht und was Frau R. vorgeworfen wird. Sie hält die Vorwürfe für nicht gerechtfertigt und bemüht sich um Aufklärung. Die Kollegen versuchen Frau W. auf ihre Seite zu ziehen und traktieren sie mit haltlosen Gerüchten. Frau W. lässt sich darauf nicht ein und macht das auch deutlich. Da sie im Betrieb stark respektiert wird, akzeptiert man ihren Standpunkt. Als zwei der Kollegen versuchen, den Dienstplan zu Ungunsten von Frau R. zu ändern, schreitet sie ein. Gemeinsam geht sie mit Frau R. zum Abteilungsleiter. Es kommt zu einem Schlichtungsgespräch.

Auf einen Blick: Vorgesetzte und Kollegen

- Als Führungskraft können Sie nach einer Situationsanalyse ein Schlichtungsgespräch führen. Sie haben auch die Option, disziplinarische Maßnahmen durchzuführen, um das Mobbing zu unterbinden.

- Eine Betriebsvereinbarung gegen Mobbing trägt zur Prävention bei.

- Die Interessenvertretung kann bei Mobbing als Vermittler dienen. Es empfiehlt sich, einige Betriebsratmitglieder als Konfliktberater zu schulen.

- Als Kollege können Sie Zivilcourage beweisen und dem Betroffenen beistehen. Aber Vorsicht! Passen Sie auf, dass Sie dabei nicht selbst zwischen die Fronten geraten.

Hilfsangebote

Kirchlicher Dienst in der Arbeitswelt (KDA): www.kda-ekd.de

Mobbing Hotline Nordrhein-Westfalen: www.komnet.nrw.de/mobbingline, Tel.: 01803-100 113

Deutscher Gewerkschaftsbund (DGB): www.dgb.de

Selbsthilfegruppen NAKOS: www.nakos.de/site

Bundesanstalt für Arbeitsschutz und Arbeitsmedizin (BAUA): www.baua.de

Initiative Neue Qualität der Arbeit (INQA): www.inqa.de

Universität Vechta, Personalrat, mit bundesweiter Zusammenstellung von Beratungsstellen (unter dem Menüpunkt Arbeitsrecht/Mobbing/Kontakte): www.personalrat.uni-vechta.de

Kommentiertes Literaturverzeichnis

Leymann, Heinz: Mobbing. Psychoterror am Arbeitsplatz und wie man sich dagegen wehren kann, Hamburg, 1993
Der Klassiker der Mobbingliteratur: Ein deutscher Psychologe forscht in Skandinavien und bringt das Thema erstmals in den 1990er Jahren an die breite Öffentlichkeit.

Esser, Axel/Wolmerath, Martin: Mobbing. Der Ratgeber für Betroffene und ihre Interessenvertretung, Frankfurt, 1997
Ein Jurist und ein Psychologe beleuchten u. a. besonders ausgiebig die rechtlichen Aspekte des Mobbings.

Hirigoyen, Marie-France: Mobbing. Seelische Gewalt am Arbeitsplatz und wie man sich dagegen wehrt, München, 2004
Ein Buch zur Vertiefung: Die französische Ärztin und Psychoanalytikerin hat einen überwiegend tiefenpsychologischen Erklärungsansatz der Hintergründe und Ursachen.

Meschkutat, B./Stackelbeck, M./Langenhoff, G.: Der Mobbing-Report. Eine Repräsentativstudie für die Bundesrepublik Deutschland, Schriftenreihe der Bundesanstalt für Arbeitsschutz und Arbeitsmedizin, Dortmund/Berlin, 2002
Die größte Studie zum Thema im deutschen Sprachraum. Frei zur Verfügung im Internet auf der Seite der Bundesanstalt für Arbeitsschutz und Arbeitsmedizin:
www.baua.de/de/Publikationen/Forschungsberichte/
2002/Fb951.html

Impressum

Bibliografische Information der Deutschen Nationalbibliothek
Die Deutsche Nationalbibliothek verzeichnet diese Publikation in der Deutschen Natio-
nalbibliografie; detaillierte bibliografische Daten sind im Internet über
http://www.d-nb.de abrufbar.

Print: ISBN: 978-3-648-02872-8 Bestell-Nr.: 01328-0001
ePub: ISBN: 978-3-648-02873-5 Bestell-Nr.: 01328-0100
ePDF: ISBN: 978-3-648-02874-2 Bestell-Nr.: 01328-0150

Eberhard G. Fehlau, Dr. Christian Stock
Konfliktmanagement – Von Streit bis Mobbing
1. Auflage 2012

© 2012, Haufe-Lexware GmbH & Co. KG, Munzinger Straße 9, 79111 Freiburg
Redaktionsanschrift: Fraunhoferstraße 5, 82152 Planegg/München
Telefon: (089) 895 17-0
Telefax: (089) 895 17-290
Internet: www.haufe.de
E-Mail: online@haufe.de
Redaktion: Jürgen Fischer

Lektorat: Claudia Nöllke, Dr. Ilonka Kunow, Jan W. Haas, Sylvia Rein
Satz: Beltz Bad Langensalza GmbH, 99947 Bad Langensalza
Umschlag: Kienle gestaltet, Stuttgart
Druck: CPI – Ebner & Spiegel, Ulm

Die Autoren

Eberhard G. Fehlau

Prof. (i.V.), Dipl.-Psych., Dipl.-Soz., Direktor des IKV NW – An-Institut der FHöV NRW, Studium der Psychologie, Soziologie und Wirtschaftswissenschaften in Tübingen, Berlin, Albuqueque/USA und Bielefeld; Tätigkeiten im Dienstleistungs- und Wirtschaftsbereich. Geschäftsführer der auf Themen der Organisations- und Personalentwicklung sowie Unternehmenskommunikation ausgerichteten Unternehmensberatung Fehlau & Partner in Düsseldorf.

Anfragen für Beratungen und Trainings sowie Anregungen zum vorliegenden TaschenGuide richten Sie bitte an: Eberhard G. Fehlau, Fehlau & Partner, Stadttor 1, 40219 Düsseldorf, www.fehlau-consulting.de.

Von Eberhard G. Fehlau stammt der erste Teil dieses Buches.

Dr. med. Christian Stock

Facharzt für Innere und Psychotherapeutische Medizin, Leitender Oberarzt in einer Psychosomatischen Fachklinik, Lehrtrainer (DVNLP), Klinische Hypnose (M.E.G.), EMDR (EMDRIA), Coaching mit den Schwerpunkten Burnout, Mobbing und Stressbewältigung, Supervision. Nebenberuflich ist er in freier Praxis in Bielefeld tätig.

Internet: www.stockseminare.de
Kontakt: c.stock@onlinehome.de
Von Dr. med. Christian Stock stammt der zweite Teil dieses Buches.

Weitere Literatur

„Konfliktmanagement. Konflikte kompetent erkennen und lösen", von Saskia-Maria Weh und Claudius Enaux, 254 Seiten, Haufe, EUR 24,95, ISBN 978-3-448-08578-5, Bestell-Nr. 04024

„Mobbing", von Dr. Christian Stock, 128 Seiten, Haufe, EUR 6,90, ISBN 978-3-648-01110-2, Bestell-Nr. 00362

„Burnout erkennen und verhindern", von Dr. Christian Stock, 128 Seiten, EUR 6,90, ISBN 978-3-448-10145-4, Bestell-Nr. 00338

„Stressmanagement", von Matthias Meifert (Hrsg.), Christine Kentzler und Julia Richter, 242 Seiten, EUR 24,95, ISBN 978-3-448-08741-3, Bestell-Nr. 00179

„Das Lotusblütenprinzip. Gelassenheit im Job durch den Ab-perl-Effekt", von Thomas Augspurger, 192 Seiten, EUR 19,80, ISBN 978-3-448-09279-0, Bestell-Nr. 00207